FORSCHUNGSBERICHTE DES LANDES NORDRHEIN-WESTFALEN

3178 / Fachgruppe Maschinenbau/Verfahrenstechnik

Herausgegeben vom Minister für Wissenschaft und Forschung

Prof. Dr.-Ing. Dr. h.c. Wilfried König
Dipl.-Ing. Klaus Henn
Laboratorium für Werkzeugmaschinen und Betriebslehre
der Rhein.-Westf. Techn. Hochschule Aachen
Lehrstuhl für Technologie der
Fertigungsverfahren

Mehrstufige Prozeßführung beim spitzenlosen Schleifen im Durchlaufverfahren

Westdeutscher Verlag 1984

CIP-Kurztitelaufnahme der Deutschen Bibliothek

König, Wilfried:
Mehrstufige Prozessführung beim spitzenlosen Schleifen im Durchlaufverfahren / Wilfried König ; Klaus Henn. - Opladen : Westdeutscher Verlag, 1984.
(Forschungsberichte des Landes Nordrhein-Westfalen ; Nr. 3178 : Fachgruppe Maschinenbau, Verfahrenstechnik)
ISBN 978-3-531-03178-1 ISBN 978-3-322-87721-5 (eBook)
DOI 10.1007/978-3-322-87721-5

NE: Henn, Klaus:; Nordrhein-Westfalen: Forschungsberichte des Landes ...

Herstellung: Westdeutscher Verlag

ISBN 978-3-531-03178-1

Inhalt

1. Einleitung

Das spitzenlose Schleifen bietet sowohl im Einstech- als auch im Durchlaufverfahren eine Reihe von Vorteilen gegenüber dem Außenrund-Umfangsschleifen zwischen Spitzen. Diese Vorteile liegen in den spezifischen Eigenschaften dieses Verfahrens.

Im Vergleich zu den anderen Rundschleifverfahren sind keine Zentrierungen am Werkstück sowie keinerlei Einspannvorrichtungen an der Maschine erforderlich. Die Führung des Werkstücks wird, wie Bild 1 zeigt,

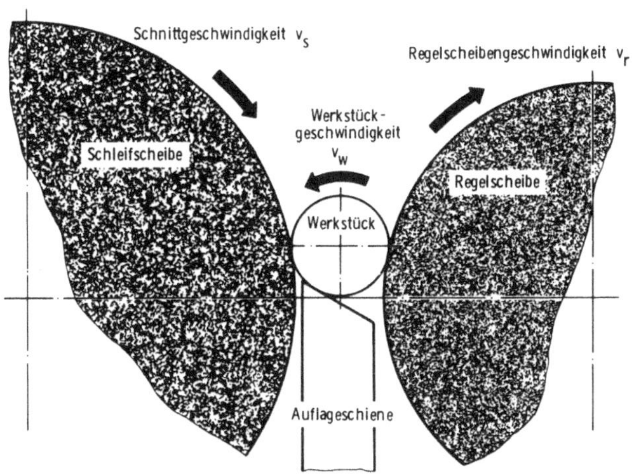

Bild 1: Verfahrensprinzip und Anordnung von Werkstück, Schleif-, Regelscheibe und Auflageschiene beim spitzenlosen Schleifen

durch Auflageschiene und Regelscheibe relativ zur Schleifscheibe erreicht. Die Drehbewegung sowie den beim Durchlaufschleifen notwendigen Längsvorschub überträgt die Regelscheibe kraftschlüssig auf das Werkstück.

Weitere technologische und wirtschaftliche Vorzüge findet man vor allem beim spitzenlosen Durchlaufschleifen. Die kontinuierliche Vorschubbewegung ermöglicht bei diesem Verfahren unbegrenzt schleifbare Werkstücklängen. Durch die linienförmige Abstützung des Werkstücks können zudem hohe Schnittkräfte aufgenommen werden, so daß auch bei schlanken Werkstücken große Zeitspanungsvolumina erreichbar sind.

Die Wirtschaftlichkeit des Verfahrens unterstreicht der bereits o.e. Wegfall aller Vorarbeiten zum Spannen der Werkstücke. Durch den gleichmäßigen Längsvorschub ist außerdem ein sehr einfacher Werkstückwechsel möglich, wodurch eine vollautomatische Zu- und Abführung der Werkstücke und damit eine Maschinenverkettung weitgehend erleichtert werden.

Zusätzlich bringen die beim Durchlaufverfahren verwendeten großen Scheibenbreiten (bis b_s = 600 mm) mit ihrer Unterteilung in Schleif- und Ausfunkzone, im Vergleich zu anderen Verfahren, größere Abrichtintervalle, d.h. höhere Standzeiten ohne Maßabweichungen mit sich.

Nachteilig wirken sich dagegen die langen Rüst- und Einrichtzeiten der Maschine aus, so daß das Verfahren fast ausschließlich im Bereich der Massenproduktion, wie Wälz-, Nadellager- und Automobilindustrie Anwendung findet.

Daher soll, aufbauend auf älteren Untersuchungen /1-7/ in der vorliegenden Arbeit durch das Aufzeigen systematischer Zusammenhänge zwischen den Stell- und Kenngrößen und dem Arbeitsergebnis die Leistungsfähigkeit und Wirtschaftlichkeit des Verfahrens weiter gesteigert werden.

2. Kenngrößen des Verfahrens

Auf der Grundlage der in vorangegangenen Untersuchungen vorgenommenen "Analyse der Verfahrensgrößen" /6, 7/ sind in diesem Kapitel noch einmal kurz die Kenngrößen für das spitzenlose Durchlaufschleifen hergeleitet und beschrieben.

Die Einflußgrößen auf den Prozeß unterscheiden sich nach System-, Stell- und Störgrößen, aus deren Zusammenwirken im Prozeßablauf selbst die Ausgangsgrößen in Form des Arbeitsergebnisses entstehen.

Als Systemgrößen bezeichnet man alle maschinen-, werkstück-, schleif- und regelscheibenbezogenen Größen, die aufgrund der Gegebenheiten konstant vorgegeben sind. Genannt werden müssen in diesem Zusammenhang auch die Systemgrößen der Auflageschiene, Abrichtwerkzeuge und Kühlschmierung. In die Gruppe der Stellgrößen ordnen sich alle die Variablen ein, mit denen der Prozeß im Sinne der Bearbeitungsaufgabe systematisch zu beeinflussen ist.

Die speziell beim spitzenlosen Schleifen vorliegenden vielfältigen Verknüpfungen von System- und Stellgrößen lassen sich durch entsprechende Kenngrößen verdeutlichen, so daß die Wirkstruktur des Prozesses durchschaubar wird.

Neben diesen Kenngrößen gibt es noch Funktionskomplexe, die dem Prozeß vorgelagert sind und eigene Gesetzmäßigkeiten besitzen. Dazu gehört zum Beispiel das Abrichten der Regelscheibe, die Abrichtbedingungen der Schleifscheibe oder auch die geometrische Stabilität beim Schleifen /2, 6/. Die jeweils in einem Funktionskomplex zusammengefaßten System- und Stellgrößen hängen direkt voneinander ab und bestimmen wie die bereits genannten Kenngrößen den Prozeßablauf nach verschiedenen Wirkmechanismen.

Folgende Größen sind zur Bildung der Kenngrößen heranzuziehen:

- werkstückbezogene Systemgrößen
  - Werkstückdurchmesser d_w
  - Bearbeitungslänge l
  - Werkstücklänge l_w
- werkstückbezogene Stellgrößen
  - Aufmaß z
- regelscheibenbezogene Systemgrößen
  - Regelscheibendurchmesser d_r
- regelscheibenbezogene Stellgrößen
  - Regelscheibendrehzahl n_r
  - Regelscheibenneigungswinkel α_r
- schleifscheibenbezogene Stellgrößen
  - effektive Schleifbreite b_{seff}

Die Berechnungsformeln sowie die Verknüpfungen der sich aus den System- und Stellgrößen ableitenden Kenngrößen zeigt Bild 2.

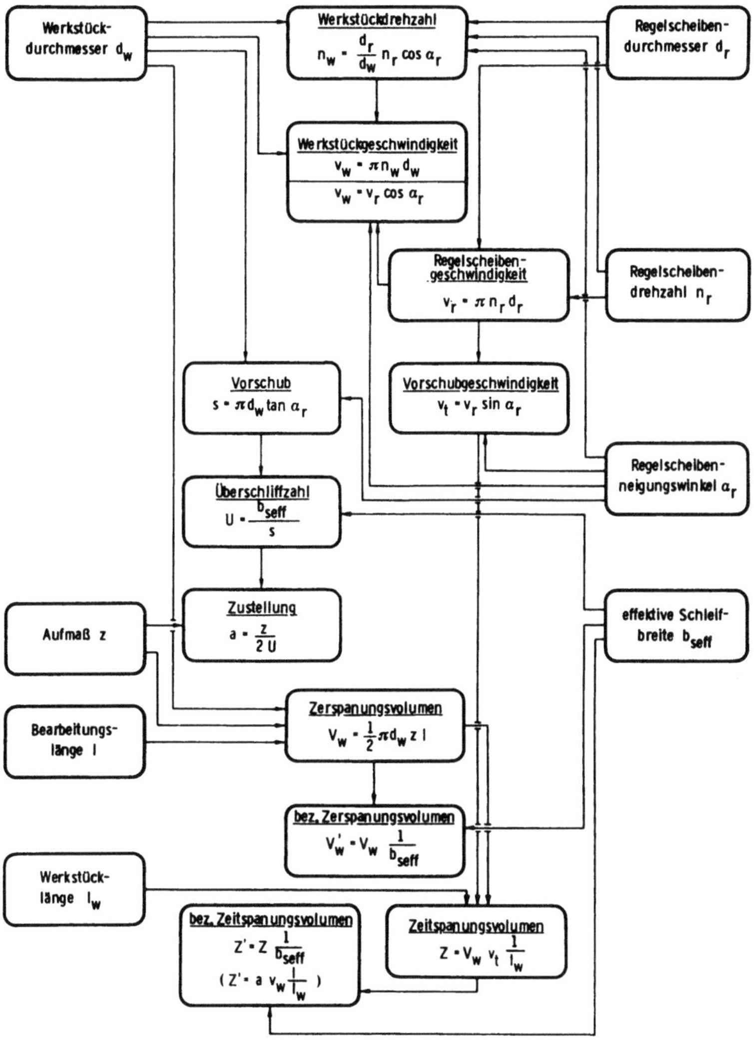

Bild 2: Von System- und Stellgrößen hergeleitete Kenngrößen

3. Verschleiß

3.1 Verschleißmechanismen und -formen

Die Ursache für die verschiedenen beim Schleifen auftretenden Verschleißmechanismen liegt in den thermischen und mechanischen Beanspruchungen, die auf das Schleifkorn wirken. Diese Beanspruchungen lassen sich zum einen auf die Prozeßkinematik zurückführen, sie hängen aber auch von den Eigenschaften des zu schleifenden Werkstoffs (Zusammensetzung, Härte) sowie der verwendeten Schleifscheibe (Schleifmittel, Körnung, Härtegrad, Gefüge und Bindung) ab.

Im folgenden soll zunächst auf den Schneideneingriff der Kornschneide und anschließend auf den Einfluß des Werkstoffs bzw. des Werkzeugs eingegangen werden.

Die Kornschneide dringt auf einer sehr flachen Bahn in das Werkstück ein und löst dort nach einer Phase elastischer Verformung plastisches Fließen des Werkstoffs aus (Bild 3). Da wegen der Schneidenrundung nur ein geringer Wirkrichtungswinkel vorliegt, wird der Werkstoff lediglich zur Seite verdrängt und bildet Aufwürfe oder/und fließt unter der Schneide hindurch zu deren Freifläche.

Erst wenn die Schneide so tief in das Werkstück eingedrungen ist, daß die Spanungsdicke h_{cu} der sog. Schnitteinsatztiefe T_{μ} entspricht, beginnt die eigentliche Spanbildung /8-10/. Da im weiteren Verlauf sowohl Verdrängungs- als auch Spanbildungsvorgänge ablaufen, ergibt sich als effektive Spanungsdicke $h_{cu\,eff} < h_{cu}$ (Bild 3).

Die bei der Spanbildung wirkende Schnittkraft zerfällt in die beiden Komponenten F_{tS} (in Schnittrichtung) und F_{nS} (normal zur Schnittrichtung).

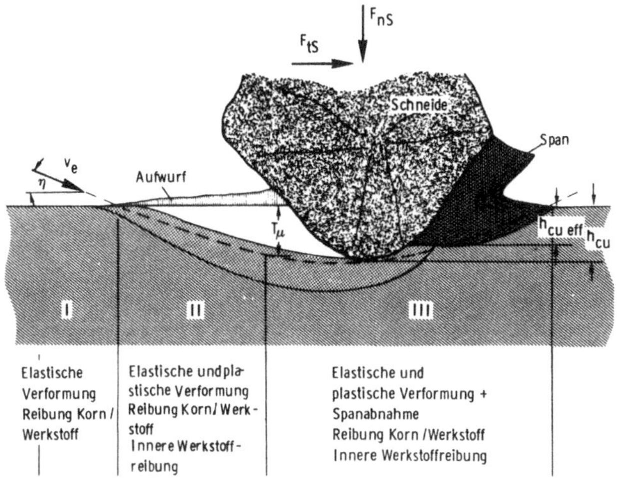

Bild 3: Schematische Darstellung eines Schneideneingriffs

Während der Phase der reinen Werkstoffverdrängung ist die Kraft F_{nS}, mit der die Schneide in das Werkstück hineingedrückt werden muß, erheblich größer als F_{tS}. Es findet eine starke mechanische Beanspruchung des Korn-Bindungsverbandes statt. Die eingebrachte mechanische Energie wandelt sich fast vollständig in Wärme um. Mit einsetzender Spanbildung steigt die Tangentialkraft F_{tS} an.

Bild 4 zeigt in übersichtlicher Form die Stellen auf, an denen die Energieumwandlung in Wärme stattfindet. Wie bereits angesprochen, entfällt der größte Teil auf die Freiflächenreibung und die plastische Verdrängung des Werkstoffs. Weiterhin tritt eine Energieumwandlung an der Spanfläche und während der Spanbildung auf. Schließlich sei noch erwähnt, daß bei gebundenem Korn ein Teil der mechanischen Energie auch durch die Reibung zwischen Bindung und Werkstück in Wärme übergeht.

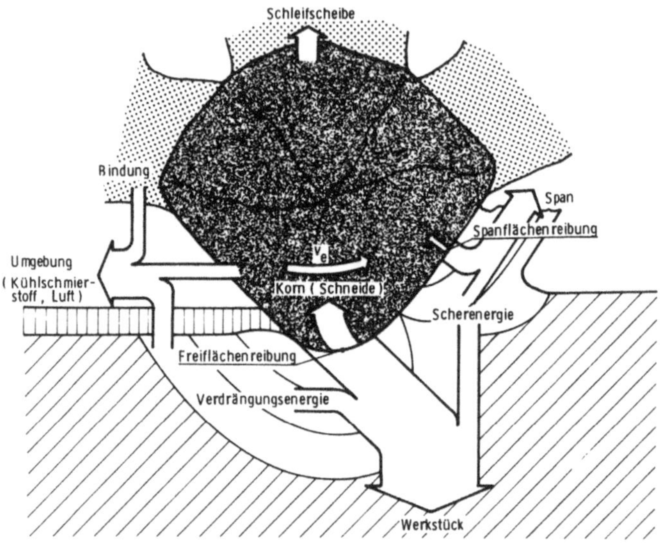

Bild 4: Energieverteilung während des Schneideneingriffs

Während bei der Zerspanung mit geometrisch bestimmten Schneiden (Drehen, Fräsen etc.) die Späne den größten Teil der Wärme forttransportieren, befinden sich beim Schleifen die Hauptwärmequellen unterhalb der Schneide, so daß der überwiegende Teil der Wärme in das Werkstück fließt und dort zu einem örtlichen Temperaturanstieg führt. Dieser Temperaturanstieg kann je nach Höhe und Einwirkzeit unerwünschte Gefügeveränderungen im Werkstück und Oxidationserscheinungen auf dessen Oberfläche hervorrufen.

Jedoch werfen die thermischen Erscheinungen im Laufe des Schneideneingriffs nicht nur seitens des Werkstücks Probleme auf. Auch das Werkzeug selbst wird durch die hohen Temperaturen und Drücke beansprucht. Im mikroskopischen Bereich ist sowohl ein Verschleiß am Korn als auch - wenn vorhanden - an dessen Bindung zu beobachten (Bild 5).

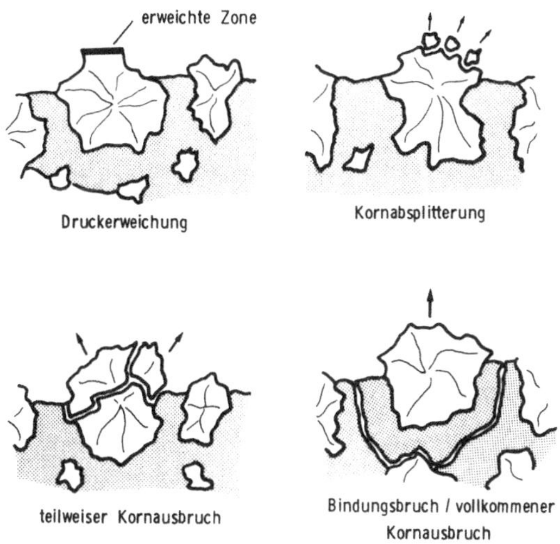

Bild 5: Verschleißmechanismen

Der Kornverschleiß findet seinen Anfang in den Kristallschichten, die nahe an der Oberfläche des Korns liegen. Dort lösen die extremen Drücke und Temperaturen Oxidations- und Diffusionsvorgänge aus, die den Abriebwiderstand des Kornmaterials herabsetzen. Es bildet sich eine Druckerweichungsschicht aus, die durch die weitere mechanische Beanspruchung abgetragen wird. Dadurch sind ständig neue Kristallschichten dem Verschleiß ausgesetzt.

Außerdem kann durch mechanische und thermische Wechselbelastung eine Ermüdung des Kristallverbundes auftreten. An Schwachstellen, die in jedem festen Körper in Form von Gitter- und Korngrenzen, Verunreinigungen usw. vorhanden sind, entstehen Ermüdungsrisse. Diese können zum Absplittern einzelner Kornpartikel führen oder die Bildung von Rissen einleiten, die dann ganze Kornteile abbrechen lassen (Bild 5).

In vielen Fällen ist der Kornverschleiß die unmittelbare Ursache für den Bindungsverschleiß, denn eine Abplattung der Kornschneide führt wegen der vergrößerten Reibfläche zu einem hohen Anstieg der örtlichen Schnittkräfte und damit zu einer mechanischen Überlastung der Bindung. Ganze Kornverbände können dann aus der Bindung herausbrechen. Je nachdem, ob das Korn fest oder weniger fest verankert ist, liegt dann der Verschleiß mehr beim Korn oder mehr bei dessen Bindung. Die Bindung kann aber auch ohne Einwirkung des Korns direkt durch chemische oder thermische Einflüsse verschleißen.

Als Beispiel für den Einfluß der Werkstoffeigenschaften auf den Verschleiß ist in Bild 6 die Abnahme des Abtragsverhältnisses G (Verhältnis von zerspantem Werkstoffvolumen zu verschlissenem Schleifscheibenvolumen) in Abhängigkeit von der Werkstoffhärte bei unlegierten bzw. niedriglegierten Stählen dargestellt. Je größer der Anteil an Legierungselementen - Kohlenstoff eingeschlossen - ist, um so weniger wird der Verschleiß durch eine Härteverminderung verändert. Begründen kann man diesen Zusammenhang mit dem Ausscheiden der gelösten Karbide beim Anlassen, die trotz geringerer Härte noch als verschleißfördernde Gefügebestandteile vorhanden sind /11/. Am Vergleich unterschiedlicher Werkstoffe mit gleicher Härte wird der Einfluß des Kohlenstoffgehaltes sowie der Einfluß karbidbildender Legierungselemente Vanadin, Chrom und Wolfram deutlich. Grund für den mit ansteigendem Kohlenstoffgehalt zunehmenden Scheibenverschleiß ist der größere Anteil an Zementit.

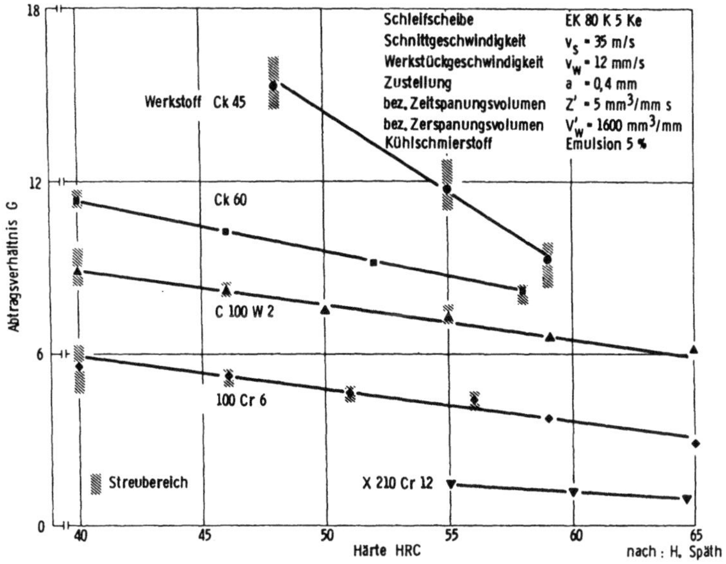

Bild 6: Einfluß der Werkstoffhärte auf das Abtragsverhältnis

Bild 7 gibt den Einfluß eines Werkstoffs - hier des Schnellarbeitsstahls S 6-5-2 (63 HRC) - auf den Verschleiß von Scheiben unterschiedlicher Spezifikation wieder. Neben dem Radialverschleiß Δr_s sind dem Bild Angaben über das Abtragsverhältnis G sowie die auftretenden Schnittkräfte zu entnehmen.

Obwohl sich mit den härteren Schleifscheiben (Härte Jot) z.T. erheblich höhere Abtragsverhältnisse erzielen lassen, sind solche Scheiben für den gehärteten Schnellarbeitsstahl nicht geeignet, da die Werkstücke Brandmarken aufweisen (Bild 7). Außer mit der Spezifikation EK 80 H 7 Ke konnte nur noch mit der Siliziumkarbidschleifscheibe ein einwandfreies Werkstück geschliffen werden. Der Nachteil dieser Schei-

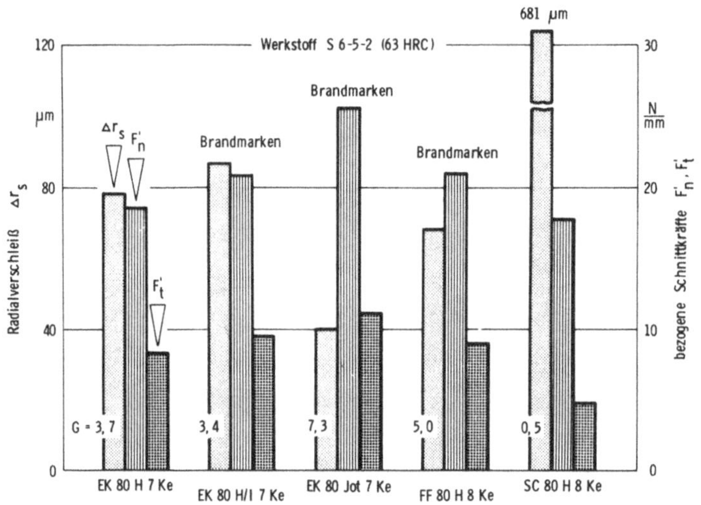

Bild 7: Verschleiß und Schnittkräfte beim Schleifen von S 6-5-2 mit Scheiben unterschiedlicher Spezifikation /12/

be liegt jedoch im sehr kleinen Abtragsverhältnis. Da die im Schnellarbeitsstahl vorhandenen Sonderkarbide WC und VC ungefähr gleich hart bzw. sogar härter als Siliziumkarbid sein können, führt dies, trotz der im Vergleich zu Korund höheren Härte aber erheblich niedrigeren Zähigkeit von SiC, zu einem sehr großen Schleifscheibenverschleiß.

Zum Abschluß sind in Bild 8 einige Beispiele für die verschiedenen Verschleißformen an Körnern dargestellt. Die Ergebnisse wurden im Rahmen einer Schleifbarkeitsuntersuchung /12/ anhand von Ritzversuchen mit einzelnen Schleifkörnern ermittelt. Auf die dabei verwendete Vorrichtung und die Randbedingungen soll an dieser Stelle nicht weiter eingegangen werden, dies ist der o.a. Literatur zu entnehmen.

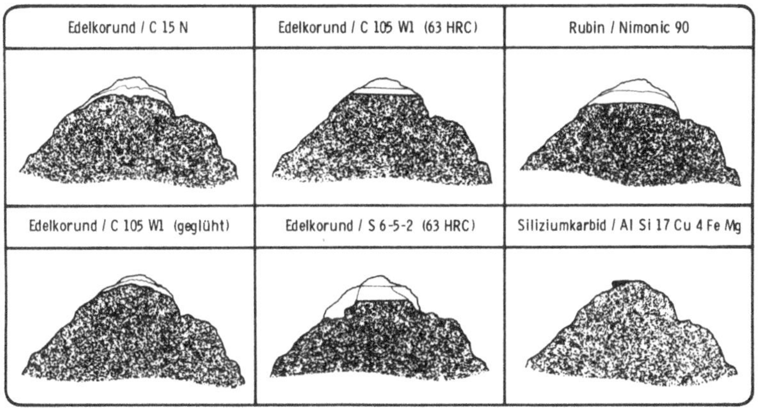

Bild 8: Verschleißformen an Körnern bei verschiedenen Werkstoff/ Schleifmittelpaarungen

Untersucht wurden sechs unterschiedliche Schleifmittel-Werkstoffpaarungen (Bild 8). Die beiden weichen Werkstoffe C 15 N und C 105 W1 (geglüht) führen zu einer starken Verrundung der Korundkornoberfläche, die durch Mikroausbrüche als Folge der herausgerissenen Zusetzungspartikel zusätzlich relativ rauh ist /12, 13/. Die abrasive Wirkung der gehärteten Werkstoffe erkennt man am Beispiel von C 105 W1 und S 6-5-2 (jeweils 63 HRC). Zusätzlich sind beim Ritzen des Schnellarbeitsstahls größere Ausbrüche am Korn zu beobachten, die durch einen sprunghaften Schnittkraftabfall gekennzeichnet sind. Dieses Kornsplittern ist offensichtlich auf die größere Temperaturwechselbelastung des Korns zurückzuführen. Das Rubinkorn zeigt nach dem Ritzen von Nimonic eine starke Verrundung. Der Verschleißbetrag ist, wie die Wirkprofile zeigen, hierbei am größten. Beim Ritzen der Al-Si-Legierung haftet eine vergleichsweise große Menge von Werkstoffmaterial an dem Siliziumkarbidkorn. Durch diese "Aufbauschneide" wird die Spanbildung behindert, so daß trotz geringfügig kleinerem Ritzquerschnitt gleichgroße Ritzkräfte entstehen.

3.2 Verschleißmeß- und -kenngrößen

In Bild 9 sind die verschiedenen Verschleißformen an einer Schleifscheibe für das Außenrund-Umfang-Querschleifen zwischen Spitzen darge-

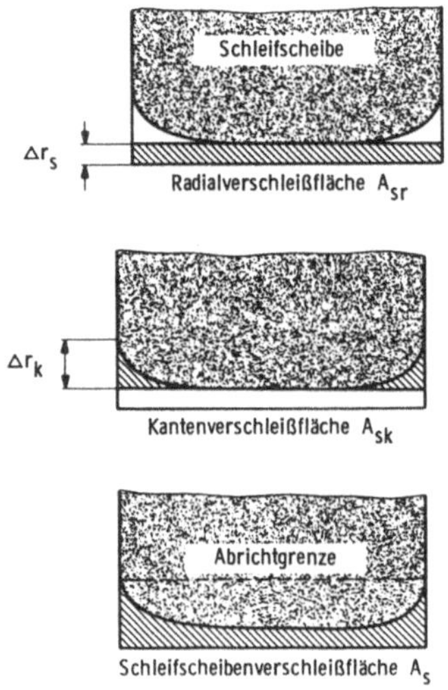

Bild 9: Definition von Verschleißmeßgrößen beim Außenrund-Umfang-Querschleifen zwischen Spitzen

stellt. Der Radialverschleiß Δr_s kennzeichnet dabei die Abnahme des Schleifscheibendurchmessers und gibt damit Aufschluß über die Größe der zu erwartenden Maßabweichungen an den Fertigteilen. Einem besonders hohen Verschleiß sind die Werkzeugkanten ausgesetzt, da hier die allseitige Abstützung der Körner durch die Bindung fehlt. Dieser Verschleiß wird entweder durch die Kantenverschleißfläche A_{sk} oder den Kantenverschleiß Δr_k beschrieben /14/ und liefert zusammen mit Δr_s eine Aussage über den erforderlichen Gesamtzustellbetrag beim Abrichten.

Im Gegensatz zum Außenrund-Umfang-Querschleifen zwischen Spitzen (Bild 9) ist die Bestimmung eines Kantenverschleißbetrages beim spitzenlosen Durchlaufschleifen (Außenrund-Umfang-Längsschleifen) nicht möglich. Hier läßt sich zur Beschreibung des Verschleißverhaltens nur der Radialverschleiß Δr_s heranziehen, der sich an jeder Stelle des Schleifspalts laut Bild 10 zu

$$\Delta r_s(x, t_s) = r_s(x, t_s = 0) - r_s(x, t_s) \qquad (1)$$

berechnet. Auskunft über die Änderung der Werkstückmaße gibt in diesem Fall der minimale Radialverschleißbetrag $\Delta r_{s\,min}$ innerhalb der Ausfunkzone. Das bedeutet, solange am Ende dieser Zone das Ausgangsprofil vorliegt (entsprechend Bild 10), treten keinerlei Maßabwei-

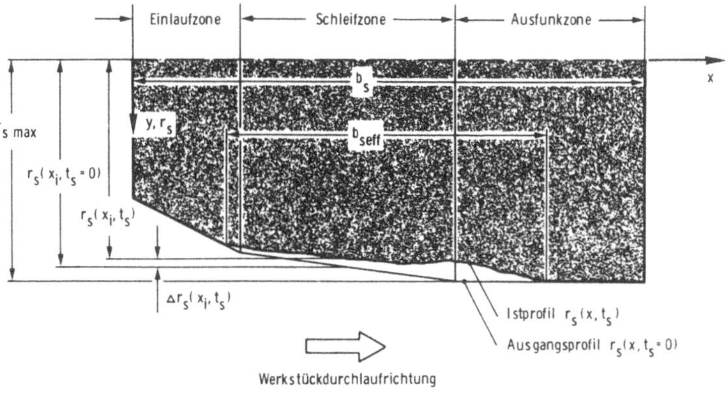

Bild 10: Definition des Radialverschleißes beim spitzenlosen Durchlaufschleifen

chungen an den Werkstücken auf. Den insgesamt notwendigen Abrichtzustellbetrag gibt dagegen das Maximum des Radialverschleißes an, das in der Regel im Übergangsbereich von Schleif- zu Ausfunkzone entsteht.

Allerdings nimmt die Meßgröße Δr_s, selbst dann wenn alle anderen Randbedingungen konstant bleiben, in Abhängigkeit vom Scheibendurchmesser unterschiedliche Werte an. Sie ist deshalb als "Maßstab" zur Bewertung des Verschleißverhaltens nicht geeignet.

Der Nachteil dieser Durchmesserabhängigkeit tritt jedoch nicht auf, wenn man das Radialverschleißvolumen V_s zur Charakterisierung des Verschleißverhaltens heranzieht. Diese Größe wird mit folgender Gleichung aus dem Radialverschleiß Δr_s, dem Schleifscheibendurchmesser d_s und der Schleifscheibenbreite b_s berechnet

$$V_s = \pi d_s \int_{x=0}^{x=b_s} \Delta r_s(x, t_s)\, dx. \qquad (2)$$

Eine weitere Entkopplung von den jeweiligen Randbedingungen wird erreicht, wenn man das Radialverschleißvolumen auf die effektive Schleifbreite b_{seff} bezieht. So ergibt sich das bez. Radialverschleißvolumen V'_s

$$V'_s = \frac{V_s}{b_{seff}} \qquad (3)$$

Eine Division des beim Schleifen zerspanten Werkstoffvolumens, das Zerspanungsvolumen V_w, durch das Radialverschleißvolumen V_s - bzw. bez. Zerspanungsvolumen V'_w durch bez. Radialverschleißvolumen V'_s - führt zum Abtragsverhältnis G nach Gl. (4)

$$G = \frac{V_w}{V_s} = \frac{V'_w}{V'_s} \qquad (4)$$

Zusätzlich zum Abtragsverhältnis G, das den Gesamtverschleiß der Scheibe bis zu einem bestimmten Werkstoffvolumen V_w beschreibt, wird das momentane Abtragsverhältnis G^* definiert. Es erlaubt eine Aussage über den aktuellen Verschleiß.

$$G^* = \frac{\delta V_w}{\delta V_s} = \frac{\delta V'_w}{\delta V'_s} \tag{5}$$

Sowohl das Radialverschleißvolumen V_s als auch der G-Wert stellen sich in vielen Fällen ebenfalls als ungeeignet zur Beschreibung des Verschleißes heraus. Der Grund liegt darin, daß der Schleifscheibenverschleiß von zwei Parametern gleichzeitig abhängt, nämlich der Belastungshöhe - dem bez. Zeitspanungsvolumen Z' - und der Belastungsdauer - der Schleifzeit t_s -, die wiederum direkt miteinander verknüpft sind.

Aufgrund der Beziehung

$$Z' = \frac{V'_w}{t_s} \tag{6}$$

folgt, daß eine Vergrößerung des bez. Zeitspanungsvolumens Z' stets eine Verkürzung der Schleifzeit t_s nach sich zieht, wenn jeweils ein konstantes bez. Zerspanungsvolumen V'_w erreicht werden soll (Bild 11, oben). Das nach dem Versuch aufgenommene Radialverschleißvolumen entsteht also nach einer Belastungserhöhung bei gleichzeitiger Senkung der Belastungsdauer. Daher wäre es denkbar, daß V_s trotz Steigerung der Scheibenbelastung gleich bliebe, wie bei schwer zerspanbaren Werkstoffen bereits festgestellt wurde /15/. Damit ist eine Beschreibung des Radialverschleißvolumens als Funktion der Scheibenbelastungshöhe Z' nur bei konstanter Schnittzeit t_s, nicht aber bei konstantem V'_w eindeutig.

Da das bez. Zerspanungsvolumen gegenüber der Schleifzeit die wesentlich aussagekräftigere Kenngröße darstellt, soll hier der in /15/ defi-

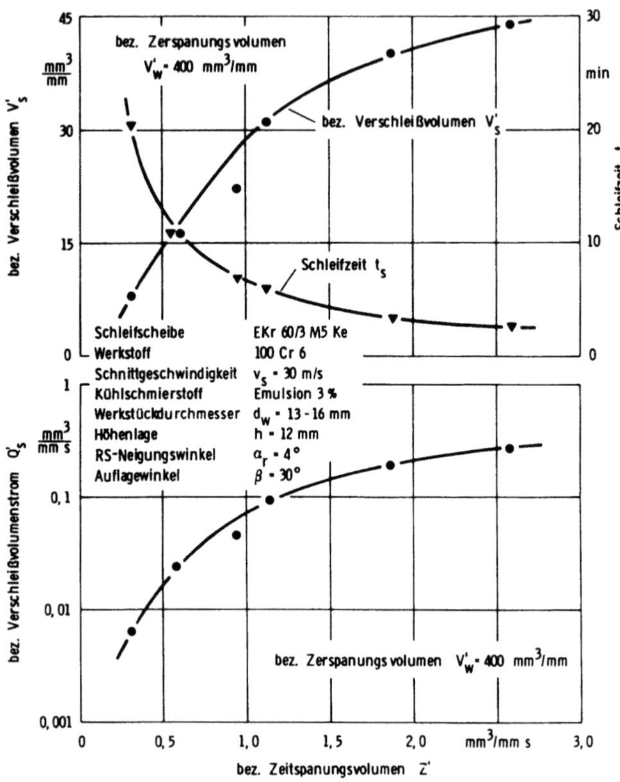

Bild 11: Zusammenhang zwischen Verschleißvolumen, Schleifzeit und Verschleißvolumenstrom in Abhängigkeit vom Zeitspanungsvolumen

nierte bez. Verschleißvolumenstrom

$$Q'_s = \frac{\delta V'_s}{\delta t_s} \tag{7}$$

als Verschleißkenngröße eingeführt werden. Er hängt durch den Bezug des Radialverschleißvolumens auf die Schleifzeit nur noch von der Belastungshöhe Z' und dem Zerspanungsvolumen V_w ab. Bild 11 unten zeigt diesen Zusammenhang. Zugrundegelegt wurden dazu die im oberen Bildteil dargestellten Kurvenverläufe von V'_s und t_s.

Angemerkt sei an dieser Stelle noch der Zusammenhang zwischen G^* und Q'_s. Stellt man Gl. (6) nach V'_w um und leitet partiell nach der Schleifzeit t_s ab, so erhält man

$$\frac{\delta V'_w}{\delta t_s} = Z' \qquad (8)$$

Durch Einsetzen der Gleichungen (7) und (8) in (5) ergibt sich

$$G^* = \frac{Z'}{Q'_s} \qquad (9)$$

3.3 Bisherige Untersuchungen über das Schleifscheibenverschleißverhalten beim spitzenlosen Durchlaufschleifen

Experimentelle Untersuchungen zu diesem Bereich wurden bislang ausschließlich von Slonimski /16/ veröffentlicht, der in Schleifversuchen die Profiländerung der Scheibe in Abhängigkeit der Gesamtlänge der geschliffenen Werkstücke ermittelte (Bild 12).

Auch er unterteilt die gesamte Schleifscheibenbreite in drei Zonen (entsprechend Bild 10), in

- die Einlaufzone,
- die Schleifzone und
- die Ausfunkzone.

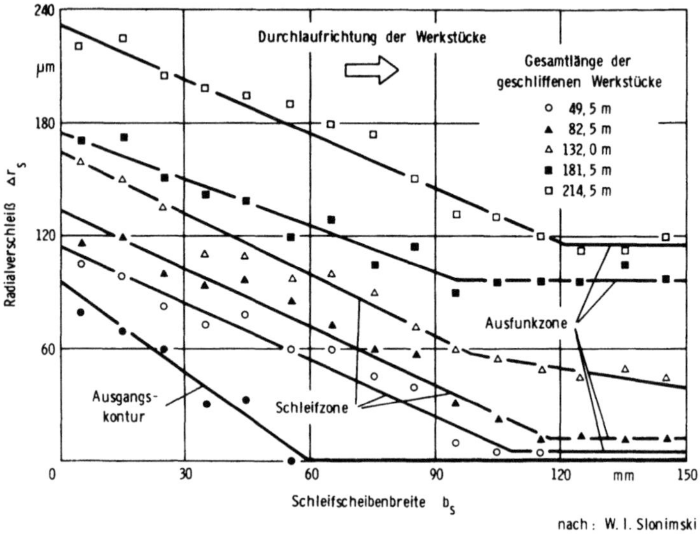

Bild 12: Verschleiß der Schleifscheibe beim spitzenlosen Durchlaufschleifen

Aufgrund des Schleifscheibenverschleißes innerhalb der Schleifzone verlängert sich diese in Durchlaufrichtung der Werkstücke, wie Bild 12 zu entnehmen ist. Dadurch nimmt die Ausfunkzone immer mehr ab, bis sie im Laufe der Zeit vollständig verschwindet. Das bedeutet, die Zerspanung findet nun über der gesamten Schleifscheibenbreite (mit Ausnahme der Einlaufzone) statt. Der zweistufige Schleifprozeß ist in einen einstufigen übergegangen.

Von diesem Augenblick an läßt sich die Maßhaltigkeit der Werkstücke ohne eine entsprechende Meßsteuerung nicht mehr gewährleisten, so daß beim Fertigschleifen spätestens jetzt der Bearbeitungsprozeß unterbrochen werden muß, um die Schleifscheibe durch Abrichten wieder in ihren Ausgangszustand zurück zu versetzen.

Geschieht dies nicht, so bildet sich nach Aussage von Slonimski /16/ eine neue, allerdings schmälere Ausfunkzone aus. Diese Erscheinungen

- Ausdehnen der effektiven Schleifzone auf die gesamte Scheibenbreite, sowie
- Bildung einer neuen Ausfunkzone

wiederholen sich in zyklischen Abständen.

Die Ausfunkzone kann also bei dieser Prozeßführung als eine Art "Reserveschleifzone" betrachtet werden, die zusammen mit den anderen Stell- und Kenngrößen die Standzeit der Scheibe bestimmt. Unterschreitet diese Zone eine bestimmte Mindestlänge, so ist kein konstantes Endmaß sowie keine zylindrische Ausbildung der Werkstücke mehr zu erwarten. Der Prozeß muß unterbrochen und die Scheibe abgerichtet werden.

3.4 Verschleißentwicklung beim Außenrund-Umfang-Längsschleifen zwischen Spitzen

Da bisher keine weiteren Verschleißuntersuchungen beim spitzenlosen Durchlaufschleifen bekannt geworden sind, muß auf Ergebnisse anderer Schleifverfahren zurückgegriffen werden /17-20/.

Hier bietet sich aufgrund der ähnlichen Kinematik das Außenrund-Umfang-Längsschleifen zwischen Spitzen an, das in folgenden Punkten mit dem spitzenlosen vergleichbar ist:

- Sowohl beim Längsschleifen als auch beim spitzenlosen Schleifen im Durchlaufverfahren befindet sich die Hauptvorschubrichtung parallel zu der zu erzeugenden Fläche, d.h. in Werkstückachsenrichtung. Dadurch liegt bei beiden Verfahren ein schraubenförmiger Schliff der Werkstücke vor (Bild 13).

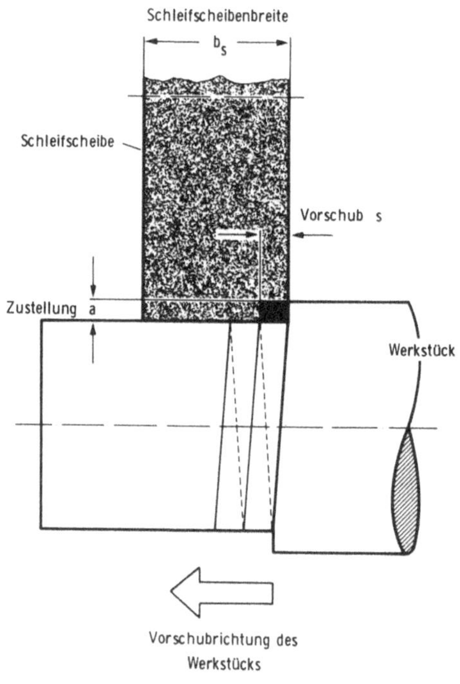

Bild 13: Außenrund-Umfang-Längsschleifen

- Verfahrensbedingt ist in beiden Fällen die Scheibenbreite kleiner als die Werkstücklänge. Dies scheint beim spitzenlosen Durchlaufschleifen zwar im ersten Moment nicht einsichtig, betrachtet man jedoch die einzelnen, kurzen Werkstücke als zusammenhängende Stange, so gilt auch hier die obige Aussage.
- Ebenfalls aufgrund des Bewegungsablaufs kommt bei beiden Verfahren die Schleifscheibe erst nach und nach in Abhängigkeit des Werkstückvorschubes in Eingriff.

Ein Unterschied besteht zunächst in der Art der Zustellung. Während beim Längsschleifen die Scheibe zu Beginn eines jeden Überlaufs um das volle Maß zugestellt wird, so daß der größte Teil der Zerspanung im Kantenbereich (Breite des Vorschubes) stattfindet, liegt beim spitzenlosen Schleifen wegen des in Werkstückdurchlaufrichtung konisch zulaufenden Schleifspalts, über der gesamten Schleifbreite eine konstante Zustellung pro Werkstückumdrehung und -vorschub vor.

Aufgrund der zeitlichen Änderung des Schleifscheibenprofils beim Außenrundlängsschleifen zwischen Spitzen, lassen sich aber auch hier wieder vergleichbare Zusammenhänge zwischen beiden Verfahren aufzeigen. Der Verschleißfortschritt wird dabei von allen Autoren /17-20/ in ähnlicher Art und Weise beschrieben.

Bei einer frisch abgerichteten Schleifscheibe leistet zunächst ein Teilbereich an der Scheibenkante in der Breite des Werkstückvorschubs die gesamte Zerspanarbeit. Aufgrund der hohen Belastung verschleißt dieser Teilbereich und ist somit nicht mehr in der Lage den insgesamt zugestellten Werkstoff abzutragen. Die restliche Werkstoffzerspanung muß somit von einem zweiten Teilbereich übernommen werden. Diese Verschleißentwicklung setzt sich immer weiter fort, so daß sich dadurch eine Schrupp- und mehrere Schlichtzonen längs der Scheibenbreite ausbilden, die in ihren Breiten jeweils dem Vorschub pro Werkstückumdrehung entsprechen (Bild 14). Die Höhe der Stufen hängt von der Zustellung ab und bleibt während der Prozeßdauer nahezu gleich.

Vickerstaff /19/ bestätigt dieses Verschleißverhalten in seinen Untersuchungen. So ermittelte er mit Hilfe der Abbildmethode /23/ stufenförmige Schleifscheibenprofile, wobei im Kantenbereich der größte Verschleiß auftrat (Bild 15). Die unterschiedliche Profilausbildung beruht in erster Linie auf der Überschliffzahl, bzw. dem Verhältnis von

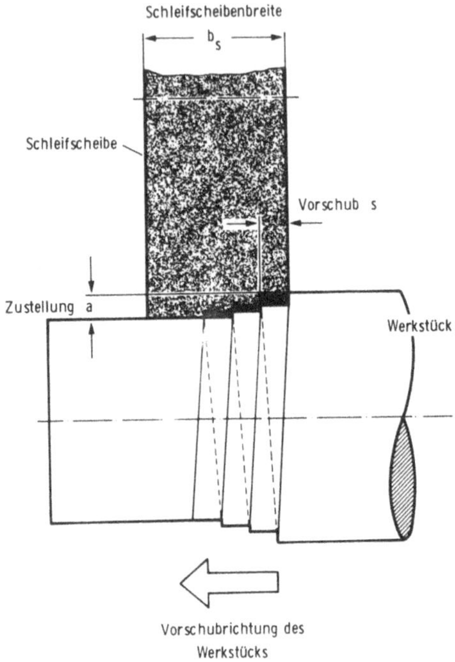

Bild 14: Verschleißverhalten der Schleifscheibe beim Längsschleifen

Schleifbreite zu Werkstückvorschub. Es ist zu erkennen, daß bei gleichen Versuchsbedingungen, aber kleineren Überschliffzahlen ein erhöhter Verschleiß vorliegt. Vickerstaff versucht dies wie folgt zu erklären:

Bei einer großen Überschliffzahl muß auch eine entsprechende Anzahl von Stufen entstehen, die am Zerspanprozeß teilhaben und den Werkstoff abtragen, den die jeweils vorherige Stufe nicht zerspant hat. Die Zustellung pro Werkstückumdrehung ist also von Beginn an bereits geringer als bei einer kleinen Überschliffzahl, so daß sich demzufolge auch ein geringerer und gleichmäßigerer Verschleiß über der Schleifscheibenbreite einstellt.

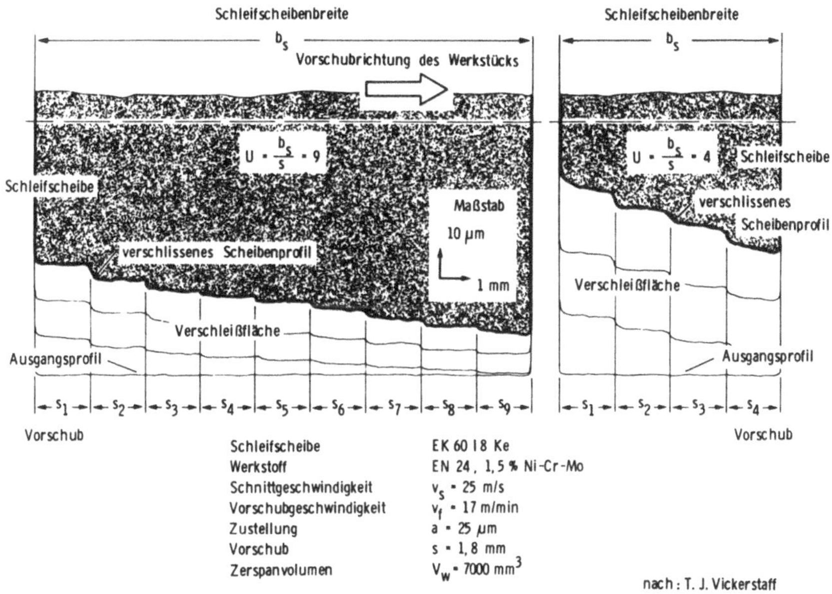

Bild 15: Verschleiß der Schleifscheibe beim Außenrund-Umfang Längsschleifen

Verkerk /20/, Opitz und Frank /18/ kommen bei ihren Versuchen zu ähnlichen Ergebnissen.

3.5 Übertragung der Erkenntnisse auf das spitzenlose Durchlaufschleifen

Bevor anhand der Ausführungen des vorangegangenen Kapitels die Übertragung der Verschleißzusammenhänge auf das spitzenlose Durchlaufschleifen erfolgt, ist es notwendig, die hierbei eingesetzten unterschiedlichen Scheibenformen zu betrachten.

Neben dem von Slonimski verwendeten Scheibenprofil gibt es auch die Möglichkeit mittels einer Verstellung der Regelscheibe einen konischen Schleifspalt zu erzeugen. Beide Zustellungsarten sind mit ihren Unterschieden in Bild 16 dargestellt.

Art der Zustellung	durch die Form der Schleifscheibe	durch Verstellung der Regelscheibe
1 - Einlaufzone 2 - Schleifzone 3 - Ausfunkzone 4 - Schleif- und Ausfunkzone (keine exakte Trennung)	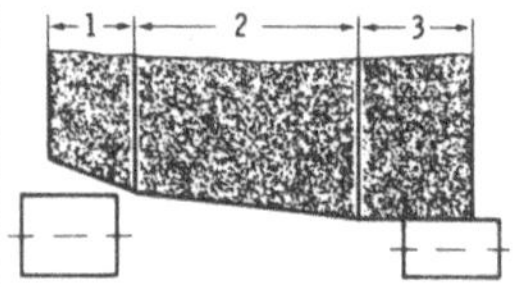	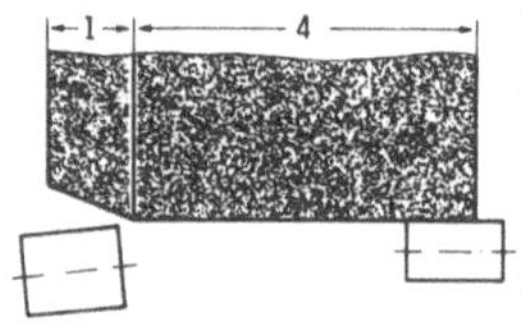
Schleifscheibenform	Kegelstumpf mit Zylinder	Zylinder
Bahn des Werkstücks	gerade	gekrümmt
Regelscheibenstellung	Neigungswinkel α_{r1}	Neigungswinkel $\alpha_{r2} < \alpha_{r1}$ Schwenkwinkel δ

Bild 16: Realisierung der Werkstoffabnahme durch unterschiedliche Schleifscheibenformen und Regelscheibenstellungen

Trotz dieser Differenzen kann auf beide Fälle die Art des Verschleißfortschrittes, wie sie beim Längsschleifen vorliegt, übertragen werden. Dies ist nachfolgend beschrieben:

- Zustellung durch die Form der Schleifscheibe

  Wie bereits in Kap. 3.4 erläutert, liegt beim spitzenlosen Durchlaufschleifen eine konstante Zustellung pro Werkstückumdrehung und pro -vorschub vor. Teilt man nun die Schleifscheibe in Teilbereiche auf, deren Breite dem jeweiligen Werkstückvorschub entspricht, so muß in Analogie zum Längsschleifen auch beim spitzenlosen Schleifen folgendes gelten:

  Die im ersten Teilbereich stattfindende Zerspanung ruft einen bestimmten Verschleißbetrag hervor, der den unvollständigen Abtrag des zugestellten Werkstoffs zur Folge hat. Das restliche Werkstoffvolumen übernimmt demzufolge der zweite Teilbereich. In dieser Zone erfolgt aber auch eine weitere Zustellung aufgrund der o. g. Randbedingung, so daß hier im Verhältnis zum vorangegangenen Teilbereich eine größere Zerspanarbeit (größeres Zeitspanungsvolumen) geleistet werden muß, was wiederum eine Radialverschleißerhöhung mit sich bringt. Dies bedeutet, der Verschleiß nimmt von Teilbereich zu Teilbereich bis hin zur Ausfunkzone (keine Zustellung) in Durchlaufrichtung der Werkstücke immer mehr zu. Es entsteht ein Scheibenprofil, das den Messungen und Aussagen Slonimskis entspricht (Bild 17, oben).

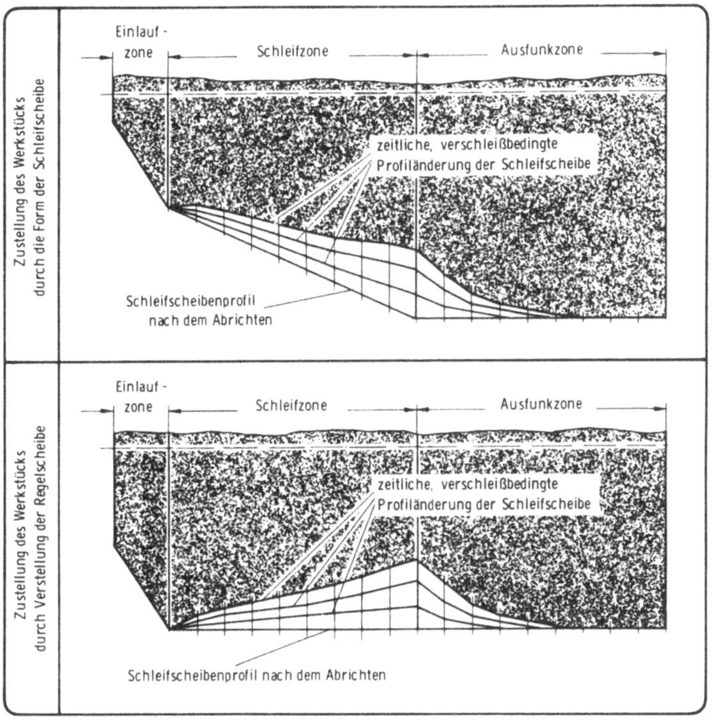

Bild 17: Zur Übertragung der Verschleißentwicklung beim Längsschleifen auf das spitzenlose Durchlaufschleifen

- Zustellung durch Verstellung der Regelscheibe

Auch die gekrümmte Bahnkurve kann durch eine konstante Zustellung pro Werkstückumdrehung und pro -vorschub ausreichend genau angenähert werden. Teilt man auch hier wieder die Scheibe in Bereiche mit der Breite des Werkstückvorschubs auf, so muß sich ein Zerspanungsvorgang und Verschleißfortschritt ergeben, wie er bereits oben beschrieben wurde. Dies hat zur Folge, daß das Schleifscheibenprofil zur Mitte hin stärker abnutzt und im Übergang zur Ausfunkzone ein Verschleißmaximum aufweist (Bild 17, unten). Da innerhalb der Ausfunkzone keine Zustellung mehr erfolgt, sondern hier lediglich der Werkstoff zerspant wird, der in der eigentlichen Schleifzone nicht abgetragen wurde, nimmt der Verschleiß ab. Das verschlissene Scheibenprofil geht wieder in die Ausgangskontur über.

4. Vor- und Randbedingungen der experimentellen Untersuchungen

4.1 Versuchsmaschine und Meßmittel

Für die Untersuchungen stand eine spitzenlose Außenrundschleifmaschine des Typs SR 41-D (Bild 18) zur Verfügung. Sie wurde zusammen mit

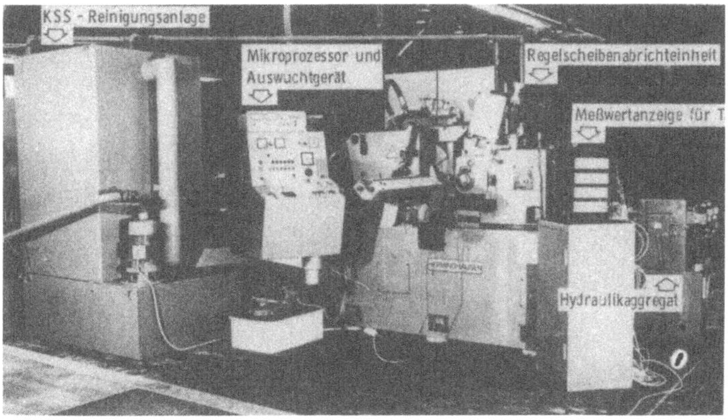

Bild 18: Versuchsmaschine und Zusatzaggregate

Mitarbeitern der an den Forschungsarbeiten beteiligten Firma Herminghausen-Werke GmbH ausgewählt. Sowohl Schleif- als auch Regelscheibe besitzen bei dieser Maschinenausführung eine beidseitige hydrodynamische Gleitlagerung. Der Antrieb der Regelscheibenspindel erfolgt schwingungsarm durch einen stufenlos regelbaren Gleichstrommotor, über eine elastische Kupplung und ein Präzisionsschneckengetriebe. Dadurch sind Drehzahlschwankungen auch bei großen Belastungen und kleinen Drehzahlen für den praktischen Einsatz ohne Bedeutung. In Abänderung der serienmäßigen Ausstattung bestand die Ausrüstung zum Antrieb der Schleifspindel in einem thyristorgesteuerten Gleichstrommotor (max. Leistung P = 55 kW).

Um eine Steifigkeitsbeeinträchtigung durch Führungen auszuschalten, ist der Schleifspindelstock fest mit dem Maschinenbett verbunden. Ein radiales Auf- und Zustellen des Schleifspalts wird demzufolge regelscheibenseitig durch Verfahren des Obersupports (Bild 19) über eine Kugelrollspindel vorgenommen. Die Feinzustellung erfolgt mittels Schrittmotor.

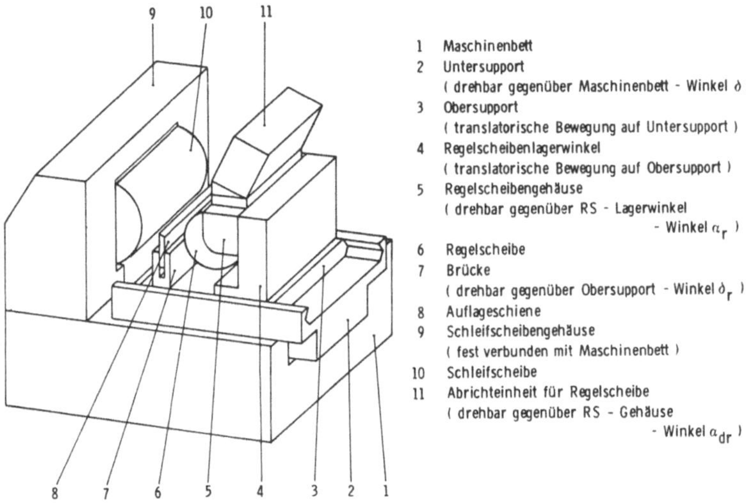

Bild 19: Maschinenaufbau der spitzenlosen Schleifmaschine Herminghausen SR 41 D

Eine weitere Erhöhung der Maschinensteifigkeit erreicht man durch die Anordnung der Regelscheibenabrichteinheit auf dem Regelscheibengehäuse (Bild 19), so daß sich ein geschlossener Lagerwinkel ergibt.

Der eingebaute Mikroprozessor erlaubt beim schleifscheibenseitigen Abrichten ein vorgewähltes Abrichtprogramm (Anzahl der Doppelhübe, Abrichtbeträge für Vor- und Rückhub) vollautomatisch abzufahren, wobei auch hier wieder ein Schrittmotor die Zustellung des Abrichtwerkzeugs übernimmt.

Komplettiert wird die Maschinenausrüstung durch einen Hydrokompensor /21/, der ein einfaches, genaues und automatisches Auswuchten der Schleifscheibe gewährleistet.

Um die Maschine sowohl gegen Fremdschwingungen zu schützen als auch ein Übertragen von Vibrationen auf die Umwelt zu dämmen, wurde eine elastische Lagerung auf EFFBE-Barrymount-LM Elementen (verankerungsfreie Aufstellung) gewählt. Gleichzeitig bieten diese Elemente durch eine entsprechende Höhenverstellung die Möglichkeit die Maschine am Aufstellungsort zu nivellieren.

Zur Erläuterung der Bewegungsmöglichkeiten zeigt Bild 19 den Maschinenaufbau. Wie oben bereits erwähnt, stellen Schleifscheibengehäuse (9), in dem die Schleifscheibe (10) beidseitig gelagert ist, und Maschinenbett (1) eine Einheit dar. Das Abrichtsystem der Schleifscheibe befindet sich an der Rückseite des Gehäuses (hier nicht erkennbar). Der Untersupport (2) kann auf dem Maschinenbett (1) nur gedreht werden, wobei der Drehpunkt sich unterhalb der Stelle befindet, an der die Werkstücke den Schleifspalt verlassen. Auf dem translatorisch zu bewegenden Obersupport (3) ist der Regelscheibenlagerwinkel (4) wiederum translatorisch geführt. Die Brücke (7) weist dagegen eine drehbare Lagerung in Schleifspaltmitte auf. Die Neigung des Regelscheibengehäuses (5) mit der Regelscheibe (6) erfolgt über einen Drehpunkt am Regelscheibenlagerwinkel (4). Die Abrichteinheit (11) ist, wie bereits beschrieben, zur Steifigkeitsverbesserung des Lagerwinkels auf dem Gehäuse angeordnet (Drehpunkt in der Mitte der Regelscheibenbreite).

Gekennzeichnet wird die Maschine durch folgende technische Daten:

- Werkstückdurchmesserbereich		d_w = 2 - 130 mm
- Schleifscheibendurchmesser		
	maximal	$d_{s\,max}$ = 600 mm
	minimal	$d_{s\,min}$ = 400 mm
- Schleifscheibenbreite		b_s = 300 mm
- Regelscheibendurchmesser		d_r = 350 mm
- Regelscheibenbreite		b_r = 300 mm

Die Zuführung des Kühlschmierstoffs übernimmt eine ausreichend dimensionierte Kreiselpumpe, die einen maximalen Durchsatz von ca. 300 l/min bei einem Druck von 5 bar liefert. Zur Reinigung stellte die Firma E. Fetzer eine Hydrozyklonanlage des Typs Zyklomat EAH 4/400 S bei, die den vorliegenden Erfordernissen entsprach.

Der Kühlschmierstoff - Darex CGF 412 - ein chemisches Produkt auf rein synthetischer Basis mit EP-Zusätzen, lag in einer 3 %igen Emulsion vor, die sich im Laufe der Einsatzdauer auf etwa 28 °C erwärmte.

Als Versuchswerkstücke wurden die in Bild 20 mit ihrem Gefüge und Härteverlauf (in Abhängigkeit vom Abstand zur Oberfläche) skizzierten Wellen (d_w = 16 mm, l = 98 mm) verwendet. Trotz der Tatsache, daß einige Erscheinungen beim spitzenlosen Schleifen werkstückabhängig sind, kann eine gute Übertragbarkeit der mit diesen Werkstücken erzielten Ergebnisse auf einen sehr weiten Bereich industrieller Schleifoperationen angenommen werden.

Die Bewertung der Rundheit geschliffener Werkstücke erfolgt nach DIN 7184. Die Kreisformabweichung f_k repräsentiert danach die Radiusdifferenz zwischen dem kleinsten Umkreis des Istprofils und dem größten dazu konzentrischen Inkreis.

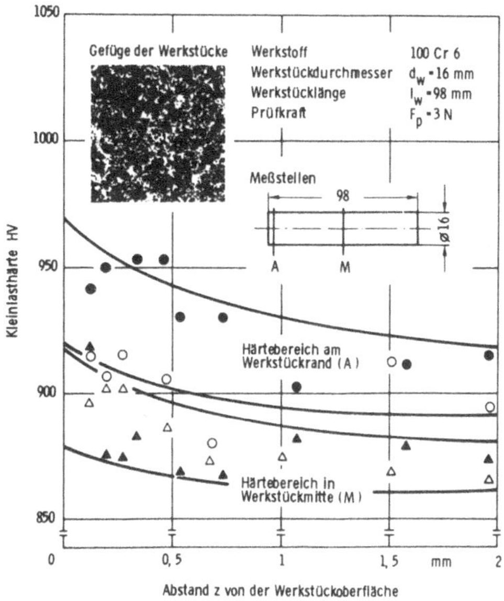

Bild 20: Härte der Versuchswerkstücke mit zunehmendem Abstand von der Oberfläche

Die Messungen wurden auf einem Talyrond-Gerät der Firma Taylor/ Hobson durchgeführt. Dabei wurde nicht der Normalfilter N benutzt, sondern ein Tiefpaßfilter B zwischengeschaltet, so daß die Oberflächenbeschaffenheit keinen Einfluß auf den Meßwert der Kreisformabweichung hat.

Als Maß für die Oberflächengüte der Schleifproben diente der Mittenrauhwert R_a, der, solange keine speziellen Funktionsanforderungen vorliegen, ein gutes allgemeines Beurteilungskriterium darstellt. Die Ergebnisse ermittelte ein elektrisches Tastschnittgerät Perth-O-Meter Typ Universal S4B. Es kam ein halbstarres Tastsystem zum Einsatz. Der Tastweg betrug einheitlich 5 mm, die Tastgeschwindigkeit 0,6 mm/s. Alle Meßergebnisse sind das arithmetische Mittel aus mindestens 6 Einzelmessungen.

4.2 Gestaltung des Schleifspalts

Bestimmt wird die Schleifspaltgestalt und damit auch der Formbildungsprozeß durch das Zusammenwirken von Schleifscheibe, Regelscheibe und Auflageschiene, d.h. von ihren jeweiligen Stellungen zueinander.

Dies bedeutet, daß sowohl eine gezielt vorgenommene Variation an einem oder mehreren der drei o.g. Maschinenstellglieder als auch eine verschleißbedingte Änderung des Schleifspalts die Prozeßführung und das Arbeitsergebnis erheblich beeinflußt. Im weiteren sind deshalb zunächst die Erzeugungs- und Einstellmöglichkeiten von Schleif-, Regelscheibe und Auflageschiene getrennt voneinander und anschließend im Gesamten beschrieben.

Während Schleifscheibe und Auflageschiene geometrisch einfach zu beschreiben sind, steht die Regelscheibengeometrie aufgrund ihrer vielfältigen Aufgaben in einem wesentlich komplexeren Zusammenhang.

Regelscheibe

Als das wichtigste Stellglied der Maschine sowohl zur Werkstückführung als auch zur Bewegungsübertragung, wurden bereits eingehende Untersuchungen über die Gesetzmäßigkeiten der Formbildung der Regelscheibe vorgenommen /22/. Ziel war es dabei eine den Bearbeitungsbedingungen möglichst optimal angepaßte Regelscheibenform zu finden, so daß die Voraussetzungen zur Einhaltung der geforderten Werkstückqualitätskriterien gegeben waren. Zusätzlich wurden Möglichkeiten geschaffen, die zur Formerzeugung notwendigen Einstellungen einfach, genau und zielsicher vorzunehmen /7/. Die Forderung an die Regelscheibe lautet, für eine linienförmige Anlage des Werkstücks über der gesamten Schleifspaltlänge zu sorgen, wobei in der vorgegebenen Höhenlage der Mittelpunkt des Werkstücks möglichst wenig von einer Geraden abweichen sollte.

Meis /6/ entwickelte dazu auf der Basis der Untersuchungen Slonimskis /16/ die Berechnungsformeln (Bild 21) für die zwei verschiedenen kor-

KORRIGIERTE REGELSCHEIBENFORM		
symmetrisch		konventionell
$\arctan\left(\sqrt{1-\frac{h^2}{r_k^2}}\tan\bar{\alpha}_r\right)$	Regelscheiben-neigungswinkel α_r	α_r
$\arcsin\left(\frac{h}{r_k\cos\alpha_r}\sin\bar{\alpha}_r\right)$	Regelscheiben-schwenkwinkel δ_r	$\delta_r = 0$
$h_{dr} = 0$	Höhenlage des Abrichtdiamanten h_{dr}	$\frac{h}{\sin\alpha_r}\sin\left(\frac{\alpha_r}{\sqrt{1+\frac{d_w}{d_r}}}\right)$
$\alpha_r - \frac{\bar{\alpha}_r}{\sqrt{1+\frac{d_w}{d_r}}}$	Neigungswinkel des Abrichtdiamanten α_{dr}	$\alpha_r\left(1-\frac{1}{\sqrt{1+\frac{d_w}{d_r}}}\right)$

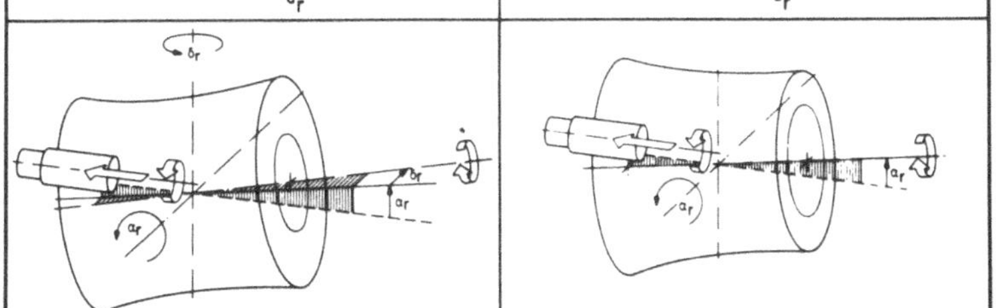

Bild 21: Berechnungsformeln für die Stellgrößen beim Abrichten der Regelscheibe

rigierten Regelscheibengeometrien - symmetrisch und konventionell -, die die oben aufgeführte Forderung am besten erfüllen. Dabei ist die symmetrische Form eine Alternative zur herkömmlichen Gestaltung der Regelscheibe. Die Höhenlage des Abrichtdiamanten wird hier immer zu Null gewählt, so daß dadurch im Gegensatz zur konventionellen Form, die im Ein- und Auslauf verschieden große Durchmesser aufweist, eine symmetrische Gestalt entsteht. Allerdings bedingt diese Geometrie, daß die Regelscheibe um einen Winkel δ_r in der horizontalen Ebene geschwenkt werden muß, so daß wieder identische geometrische Bedingungen wie beim Einsatz der konventionellen Regelscheibe vorliegen. Auf die weiteren Vor- und Nachteile sowie die Herleitung der Formeln und der Berechnung des Kehlkreisdurchmessers r_k soll an dieser Stelle nicht näher eingegangen werden. Dies ist der einschlägigen Literatur /6, 16/ zu entnehmen.

Schleifscheibe

Die Formerzeugung und das Profil sind bei der Schleifscheibe in erster Linie von der Art der Prozeßführung abhängig. Für einen einstufigen Schleifprozeß (entweder Vorschliff - Schruppen- oder Fertigschliff- Schlichten-) ergibt sich die einfachste Art der Formerzeugung bei Verwendung einer geraden Abrichtschablone (zylinderförmige Scheibe), Die Werkstoffabnahme selbst wird dann durch die Lage von Schleif- und Regelscheibe zueinander bestimmt. Der Vorteil hierbei liegt in der relativ großen Flexibilität, da sehr schnell andere Aufmaße eingestellt werden können, während die gerade Abrichtschablone nicht gewechselt werden muß.

Ein einstufiger Prozeß ist aber auch mit einer schräg abgerichteten Schleifscheibe (Form eines Kegelstumpfes) einzustellen. Dabei muß allerdings in Abhängigkeit von der Bearbeitungsaufgabe eine entsprechende Abrichtschablone eingesetzt werden, was den Aufwand und die Rüstzeiten wesentlich erhöht.

Ähnliches gilt bei einer zwei- oder mehrstufigen Prozeßführung. Diese wird in der Praxis immer durch ein entsprechend stufenförmiges Abrichten der Schleifscheibe erreicht. Das bedeutet, für jeden Anwendungsfall liegen Schablonen vor, die sich durch Stufenzahl, -aufteilung und -höhe unterscheiden. Ein Beispiel ist in Bild 22 dargestellt.

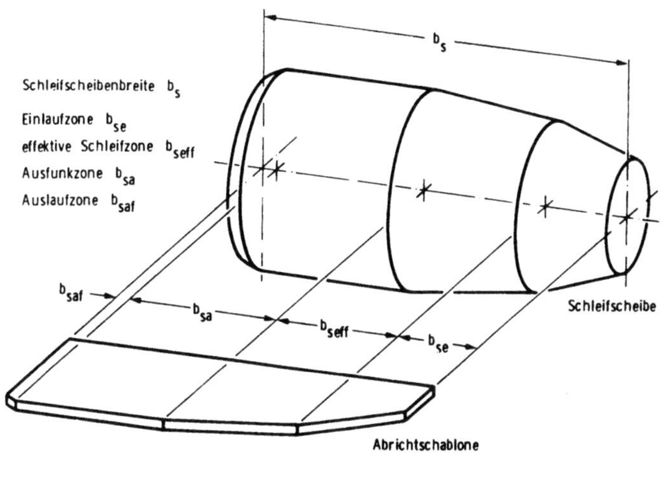

Bild 22: Mehrstufig abgerichtete Schleifscheibe

In jedem Fall wird die Schleifscheibe mit einer Einlauf- sowie einer geringen Auslaufzone (meist nicht mehr als 5 mm) versehen. Die Zonen sind notwendig, um einerseits im Einlauf Durchmessertoleranzen auszugleichen und andererseits am Auslauf die Entstehung einer Vorschubspirale auf dem Werkstück zu vermeiden. Diese wird durch das

Schleifen mit der Werkzeugkante beim Austritt der Werkstücke aus dem Schleifspalt erzeugt.

Auflageschiene

Beim spitzenlosen Durchlaufschleifen wird die Auflageschiene immer mit einem geraden Profil ausgerüstet. In Abhängigkeit der Schleifoperationen schwankt der Auflagewinkel im Bereich von $\beta = 27,5 - 32,5^{o}$.

Die Orientierung der Werkstückbahn relativ zur Schleifscheibe ergibt sich aus den Profilen und relativen Lagen von Schleifscheibe, Regelscheibe und Auflageschiene zueinander, wobei es eine große Zahl möglicher und teilweise gleichwertiger Maßnahmen gibt. In Bild 23 ist eine

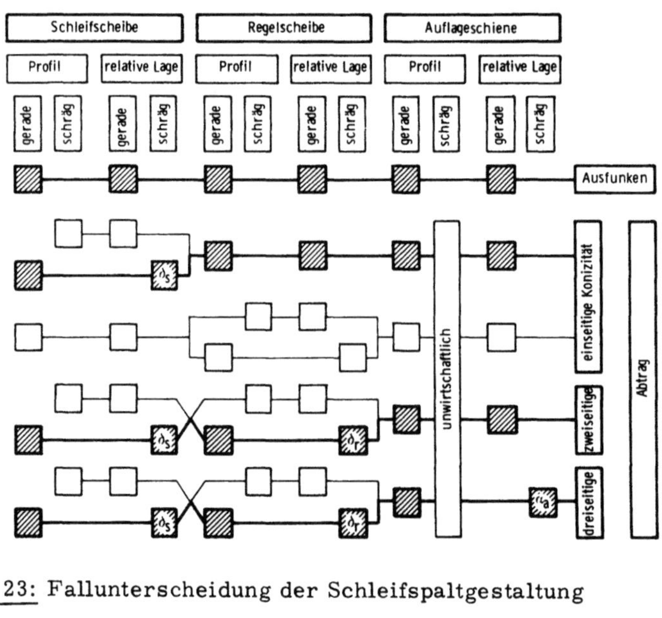

Bild 23: Fallunterscheidung der Schleifspaltgestaltung

Fallunterscheidung getroffen, die sinnvolle Vorgehensweisen hervorhebt. In der Praxis können verschiedentlich noch weitere Methoden beobachtet werden, die jedoch sehr subjektiv beeinflußt und kaum reproduzierbar sind.

Zum Ausfunken sind alle Profile und Einstellungen gerade bzw. parallel. Eine (einseitige) Konizität des Schleifspalts, wie sie für einen definierten Werkstoffabtrag im Vorschliff erforderlich ist, kann wie oben bereits erwähnt im einfachsten Fall durch Schwenken der zylindrisch abgerichteten Schleifscheibe um den Winkel δ_s (d.h. gerades Profil und schräge relative Lage) erfolgen. Eine identische Maßnahme wäre die Einstellung eines Regelscheibenschwenkwinkels δ_r, bei dem aber auch die Auflageschiene mitgeschwenkt wird. Alternativ zur Schwenkung von Schleif- und Regelscheibe können diese auch konisch abgerichtet werden. Nicht identisch, aber von ähnlicher Wirkung, ist die Erzeugung der Konizität allein durch die Regelscheibe, entweder durch das abgerichtete Profil oder durch eine Einstellung der relativen Lage. Demgegenüber ist jedoch die vorgenannte, im Bild hervorgehobene Variante wegen der besseren Trennung der Komponenten vorzuziehen.

Allen diesen Methoden ist, da sie die Konizität des Schleifspalts lediglich einseitig erzeugen, der Nachteil gemeinsam, daß das Werkstück nur an einer Mantellinie seines Umfangs geradlinig geführt werden kann, während jedoch sein Mittelpunkt aufgrund der Durchmesserabnahme im Schleifspalt absinkt und von der horizontalen Bahn abweicht. Insbesondere ein großes Aufmaß führt somit zu einer unerwünschten Beeinträchtigung der axialen Führung. Eine Verbesserung wird durch die Erzeugung zweiseitiger Konizität auf den im Bild angedeuteten Wegen erreicht. Eine optimale Werkstückführung mit besten Voraussetzungen für die Formgenauigkeit bietet schließlich eine dreiseitige Konizität, bei der zusätzlich die Auflageschiene schräggestellt wird.

4.2.1 Schleifspaltauslegung

Für die in diesem Vorhaben durchgeführten Schleifversuche sind im folgenden die Daten der geometrischen Stellgrößen genannt, die auch die Grundlage zur Berechnung der geometrischen Stabilität in Kap. 4.2.2 bilden.

- Schleifscheibendurchmesser d_s = 500 - 560 mm
- Regelscheibendurchmesser d_r = 310 - 330 mm
- Werkstückdurchmesser d_w = 13 - 16 mm
- Schleifscheibenbreite b_s = 300 mm
- Auflagewinkel β = 30°
- Regelscheibenneigungswinkel α_r = 2, 4, 6°

Bei den einstufigen Versuchen wurde die Schleifscheibe bis auf eine Einlaufzone von b_{se} = 35 mm und eine Auslaufzone b_{saf} = 5 mm geradlinig als Zylinder abgerichtet. Die effektive Schleifbreite erreicht somit eine maximale Länge von b_{seff} = 260 mm. Mittels einer gemeinsamen Schwenkung von Regelscheibe und Auflageschiene wurde die jeweils notwendige Schleifspaltkonizität erzeugt.

Für die zweistufige Prozeßführung kamen drei unterschiedliche Profile zum Einsatz, deren Abmaße der Tabelle 1 zu entnehmen sind.

Tabelle 1: Abmessungen der verwendeten Schablonen

Schablone	Aufmaß z [mm]	Einlaufzone b_{se} [mm]	effektive Schleifbreite b_{seff} [mm]	Ausfunkzone b_{sa} [mm]
1	0,06	70	100	130
2	0,1	80	100	120
3	0,2	50	110	140

Die Regelscheibe erhielt eine korrigiert-symmetrische, rotationshyperboloidische Form, wobei eine Einstellung nach den in Bild 21 aufgeführten Formeln vorgenommen wurde.

Einen Querschnitt durch den Schleifspalt bei ein- und zweistufiger Prozeßführung zeigt Bild 24.

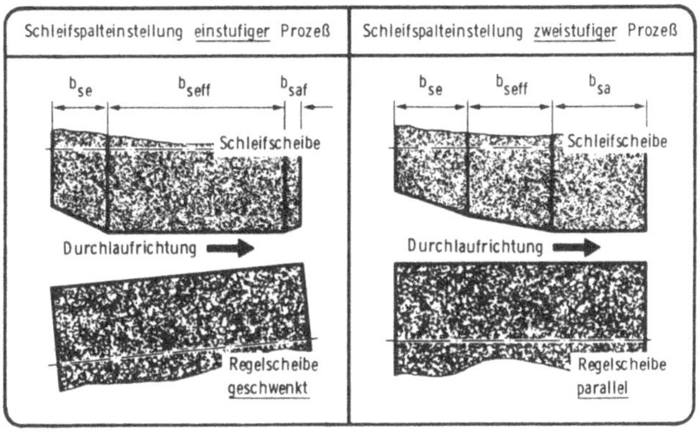

Bild 24: Schleifspalteinstellung bei ein- bzw. zweistufiger Prozeßführung

4.2.2 Geometrische Stabilität

Aus einer Vielzahl von Untersuchungen zum spitzenlosen Einstechschleifen ist die Bedeutung der Höhenlage für die Rundung des Werkstücks bekannt. Sie ist nach der Theorie der geometrischen Stabilität die wichtigste Stellgröße zur Beherrschung des regenerativen Formbildungsprozesses. Dieser Vorgang ist von Reeka /2/ mathematisch formuliert und von Meis /5, 6/ auf das Schleifen im Durchlaufverfahren angewendet worden.

Die die geometrische Stabilität der Einstellung bestimmenden Stellgrößen sind in Bild 25 enthalten und lassen sich in der Kenngröße des Tangenten-

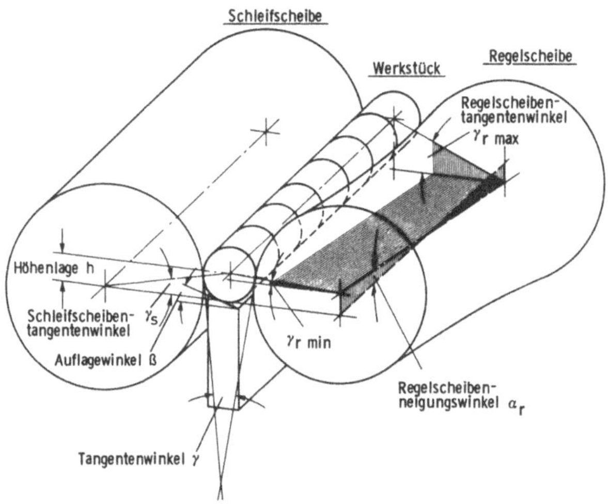

Bild 25: Bestimmungsgrößen der geometrischen Stabilität

winkels zusammenfassen. Allerdings müssen im Gegensatz zum spitzenlosen Einstechschleifen die Bestimmungsgrößen beim Durchlaufverfahren auf eine dreidimensionale Schleifspaltgeometrie bezogen werden. Diese Beziehungen sind aus Bild 25 abzuleiten. Der über der gesamten Schleifbreite konstante Schleifscheibentangentenwinkel ergibt sich zu

$$\gamma_s = \arc \sin \left(\frac{2\,h}{d_s + d_w} \right) \tag{10}$$

Dagegen variiert der Regelscheibentangentenwinkel über der Schleifbreite im Bereich

$$\Delta\gamma_r = \arc \tan \left(\frac{b_s}{d_r + d_w} \tan \alpha_r \right) \tag{11}$$

um den Mittelwert

$$\bar{\gamma}_r = \arc \sin \left(\frac{2\,h}{d_r + d_w} \right) \tag{12}$$

Diese Kenngrößen bestimmen dann zusammen mit dem Auflagewinkel bei der radialen Führung eines unrunden Werkstücks Vorzeichen, Betrag und Phasenwinkel einer Schnittiefenänderung. Sie legen damit fest, ob im Wirkungskreis der Rundung eine Verbesserung oder Verschlechterung der Kreisformabweichung erzielt wird.

Die Wahl der Höhenlage erfolgte für die Versuche mittels der von Meis /6/ entwickelten Stabilitäts- und Wellenzahlkarten (Bilder 26, 27). Dabei wurde in Abhängigkeit des jeweiligen Bearbeitungsfalles sowohl auf einen stabilen Verlauf als auch auf große Wellenzahlen ($w > 5$) geachtet.

Geometrisch stabile Bedingungen waren jedoch nicht immer einzuhalten. Der oft am Beginn der Schleifbreite vorhandene kurze instabile Bereich kann dabei ohne auffallende Beeinträchtigung der Kreisform hingenommen werden, da er z. T. noch in die Einlaufzone fällt bzw. sich relativ große Zonen ohne ausgeprägte Instabilitäten anschließen.

Hinsichtlich der Wellenzahlen ist nur der 5- bzw. 7-Eckbereich jeweils am Anfang des Schleifspalts kritisch. Aufgrund der Einlaufzone ($b_{se\,min}$ = 35 mm) ist allerdings erst bei $\alpha_r = 6^o$ mit einer Verschlechterung der Kreisform zu rechnen. Da die 5- bzw. 7-Eckbereiche aber nur sehr klein sind und maximal 13 % der effektiven Schleifbreite beanspruchen, können in der restlichen Schleif- und vor allem in der Ausfunkzone eventuell entstandene Fehler wieder abgebaut werden, insbesondere da hier die Wellenzahlen zwischen 36 und 18, also bei sehr hohen Werten liegen, die eine ausreichende Qualität gewährleisten.

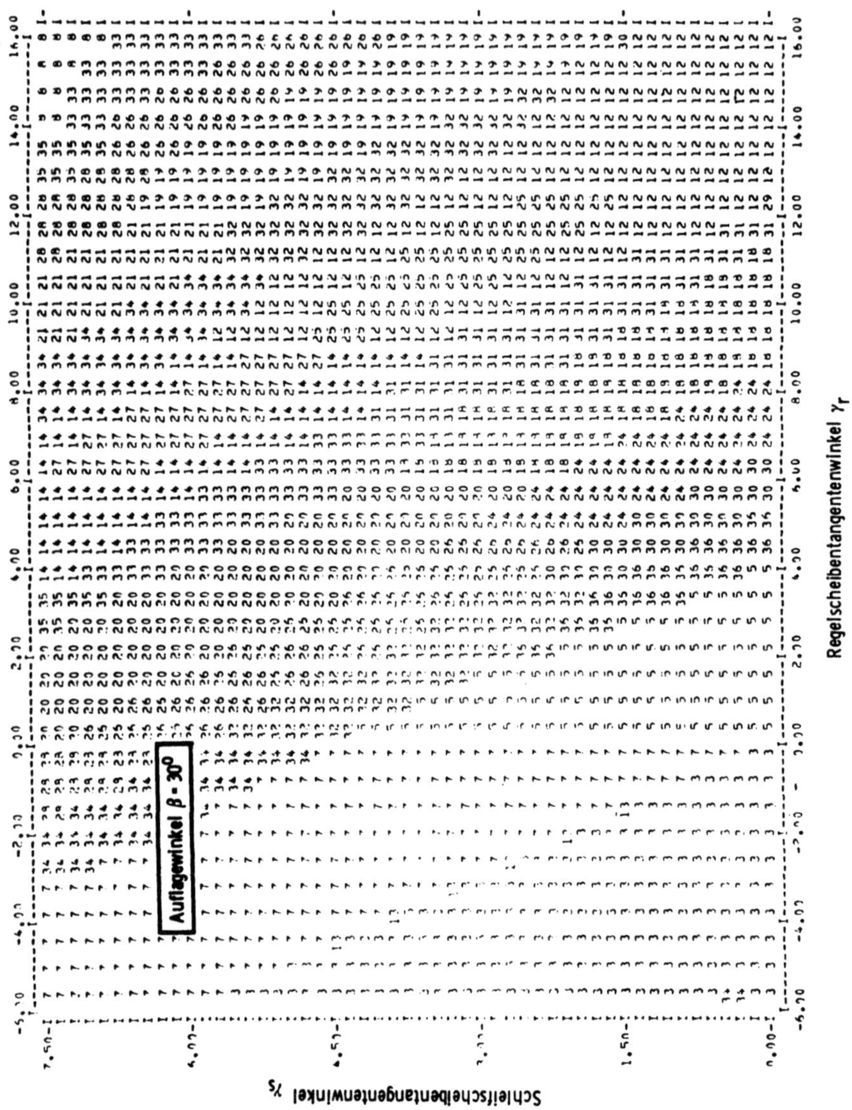

Bild 26: Wellenzahlkarte für die Auflagewinkel $\beta = 30^{\circ}$

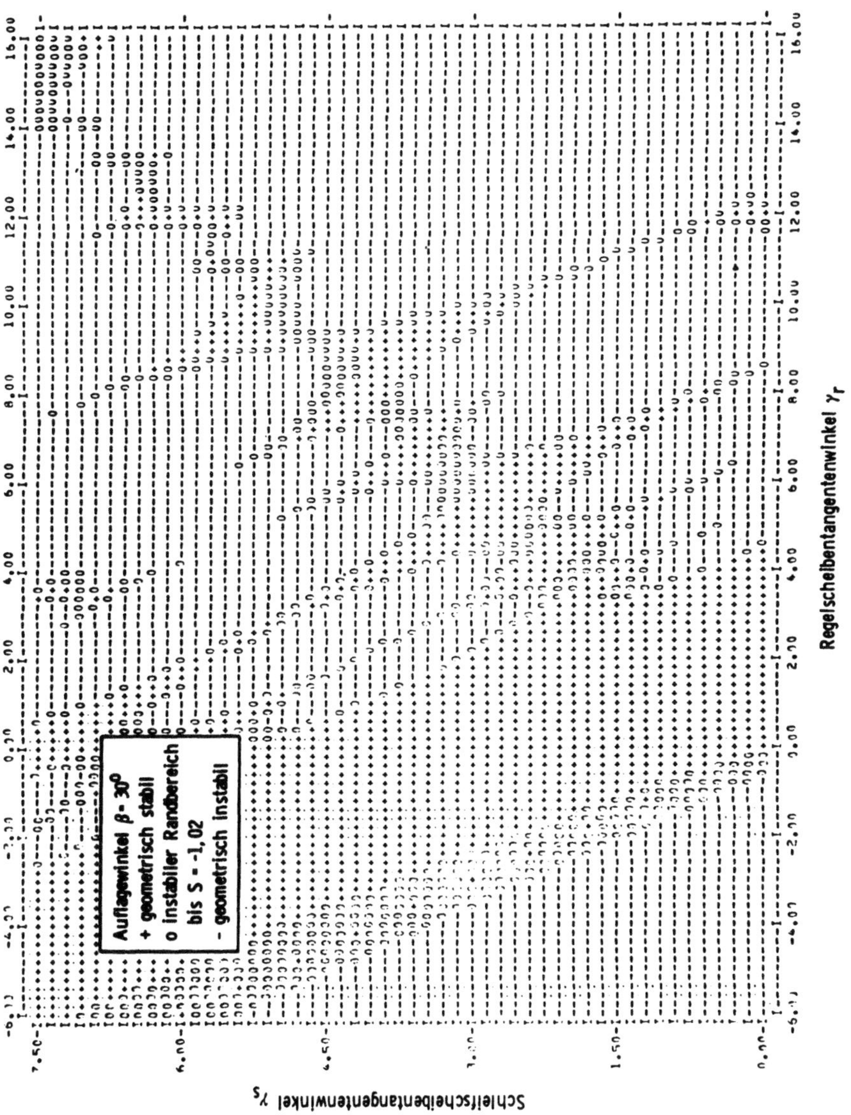

Bild 27: Geometrische Stabilität für den Auflagewinkel $\beta = 30^o$

4.2.3 Abrichtbedingungen

Die bei den Laborversuchen verwendete Schleifscheibe mit der Spezifikation

EKr 60/3 M5 Ke,

hat sich für Schleifoperationen in der Praxis als günstig erwiesen und wurde deshalb ausgewählt. Aufgrund ihrer Abmessungen sowie der Körnung kam als Abrichtwerkzeug eine Abrichtplatte (Fliese) der Firma Winter

Bezeichnung: FCS 115 W

zum Einsatz. Folgende Abrichtbedingungen gelten für alle Versuche

Abrichtzustellung	$a_{ds} = 30\ \mu m$
Abrichtdrehzahl	$n_{sd} = 1100\ min^{-1}$

Der Abrichtvorschub s_{ds} läßt sich in Abhängigkeit der Wirkbreite des Abrichtwerkzeugs und des Überdeckungsgrades nach folgender Formel bestimmen

$$s_{ds} = \frac{b_{ds}}{u_{ds}} \qquad (13)$$

Die Wirkbreite der Abrichtplatte wird dabei mit Hilfe der Abbildmethode ermittelt (Bild 28) und ergibt sich als die Breite, mit der je nach vorgegebener Zustellung a_{ds} das Abrichtwerkzeug während des Abrichtens in Eingriff ist /23/. Der Überdeckungsgrad hängt ebenfalls von der Abrichtzustellung ab, zusätzlich muß allerdings noch die Körnung der Schleifscheibe zur Bestimmung herangezogen werden. Bei der hier vorliegenden Körnung 60 und der oben angegebenen Zustellung $a_{ds} = 30\ \mu m$ sollte man einen Überdeckungsgrad von

$$u_{ds} = 4$$

in etwa einhalten /23, 24/, so daß der damit festgelegte Abrichtvorschub im Bereich

$$s_{ds} = 0,13 - 0,2 \text{ mm/U}$$

variiert.

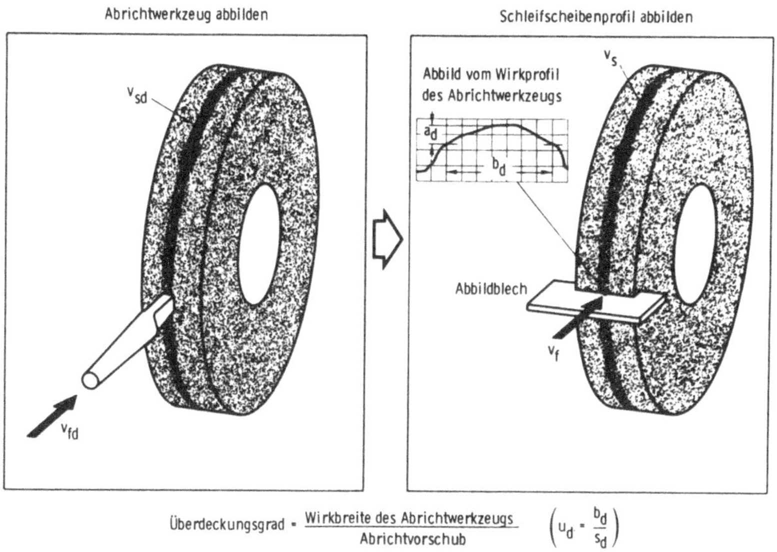

Bild 28: Bestimmung der Wirkbreite von Abrichtwerkzeugen

Die Zusammensetzung der Regelscheibe ergibt sich aus der Spezifikation

Nk 90/2 Qu 2 Gu.

Diese hat sich sowohl in vorangegangenen Untersuchungen /7/ als auch in der Praxis vielfach bewährt.

Abgerichtet wird mit einem Einkorndiamanten der Qualität

Basram 1, 75 kt.

Weitere Bedingungen:

Abrichtzustellung	a_{dr} = 12,5 μm
Abrichtdrehzahl	n_{rd} = 500 min^{-1}
Abrichtvorschub	s_{dr} = 0,2 mm/U

4.3 Verschleißmeßvorrichtung

Aufgrund der beim spitzenlosen Schleifen eingesetzten breiten Schleifscheiben (bis b_s = 600 mm) kann man hier nicht die sonst übliche Vorgehensweise - nämlich die bereits im Kapitel 4.2.3 erwähnte Abbildmethode - anwenden. Statt dessen war ein neues System zur Verschleißerfassung zu entwickeln.

Die Basis für den Meßaufbau liefert die über eine Kopierschablone gesteuerte Schleifscheibenabrichtvorrichtung. An den Abrichtkopf, der am Ende der Abrichtpinole sitzt und zur Aufnahme der Abrichtwerkzeuge dient, wurde zusätzlich eine Halterung angebracht, die einen induktiven Taster aufnimmt (Bild 29).

Über eine direkte, berührende Messung (bei stehender Schleifscheibe) ist es damit möglich, die jeweils vorliegende Scheibenkontur zu erfassen. Die Bewegung entlang der Schablone bzw. der Schleifscheibe übernimmt die hydraulische Vorschubsteuerung der Abrichtvorrichtung, wie in Bild 30 gezeigt. Durch die Führung des Tasters durch die Kopierschablone (Sollprofil) und das gleichzeitige Messen der verschlissenen Kontur (Istprofil), findet während des gesamten Meßvorganges stets ein Vergleich zwischen Soll- und Istprofil statt. Die dabei auftretenden Differenzbeträge zeichnet ein Schreibgerät auf. Da nicht mit Sicherheit ein Schleifen in der Einlaufzone ausgeschlossen werden kann, ist zur Auswertung der Schriebe eine Bezugskante erforderlich. Aus diesem

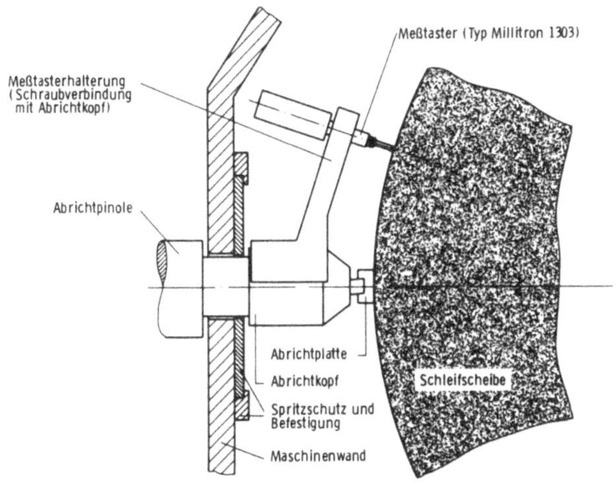

Bild 29: Halterung für Meßtaster

Grund wurde am Maschinengehäuse ein Referenzwinkel (Bild 30) angebracht, dessen feste Stellung und Lage der Taster bei einem entsprechend verlängerten Überlauf ebenfalls erfaßt. Anhand dieser Referenzmarken können die einzelnen Verschleißmeßschriebe in Beziehung zueinander gesetzt werden.

Die Auswertung der Verschleißschriebe erfolgt über einen Digitizer. Die dabei ermittelten Daten speichert ein Rechner, der mit einem einfachen Algorithmus die Berechnung der Flächeninhalte durchführt und damit die Grundlage zur Bestimmung aller weiteren Verschleißkenngrößen (Abschnitt 3.2) gibt.

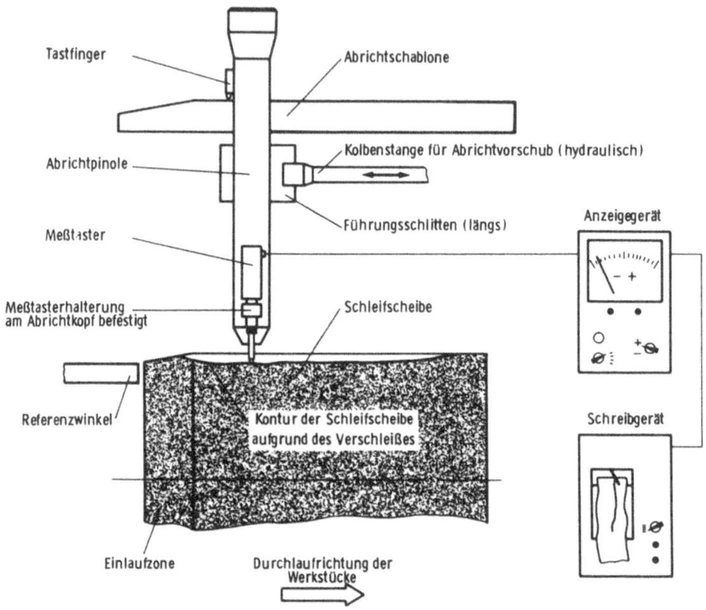

Bild 30: Versuchsaufbau zur Verschleißmessung

5. Experimentelle Untersuchungen

In der industriellen Praxis wird die Schleifscheibe beim spitzenlosen Durchlaufschleifen in der Regel zweistufig abgerichtet (Bild 24). Da ein mehrstufiger Schleifprozeß jedoch als eine Aneinanderreihung mehrerer einzelner Stufen verstanden werden kann, liegt es nahe, zur Vereinfachung der Versuchsdurchführung zunächst die Verschleißentwicklung bei einstufigen Schleifprozessen zu untersuchen. Dazu erfolgte bei einer weitreichenden Variation der Stell- und Kenngrößen (Bild 2) die Erfassung der Profiländerung der Schleifscheibe sowie die Ermittlung des Verschleißes und des Arbeitsergebnisses in Abhängigkeit von der Schleifzeit bzw. dem Zerspanungsvolumen (Kapitel 5.1).

Zur Prüfung der Übertragbarkeit der hierbei ermittelten und durch die zahlreichen Untersuchungen abgesicherten Erkenntnisse und Zusammenhänge auf die mehrstufige Prozeßführung, wurden dann in einem zweiten Schritt, beim zweistufigen Schleifprozeß stichpunktartig Versuche vorgenommen. Im Abschnitt 5.2 sind deren Ergebnisse beschrieben, die das o.a. Verständnis der mehrstufigen Schleifspalteinstellung bestätigen.

5.1 Verschleißentwicklung und Arbeitsergebnis bei einstufiger Prozeßführung

5.1.1 Profiländerung der Schleifscheibe

Die Konizität des Schleifspalts wurde beim einstufigen Schleifprozeß durch die bereits in den Abschnitten 3.5 und 4.2 beschriebene Schwenkung der Regelscheibe und Auflageschiene relativ zur Schleifscheibe realisiert.

Exemplarisch zeigt Bild 31 die Änderung des Schleifscheibenprofils bei zwei Versuchen. Bis auf die Vorschubgeschwindigkeiten v_t = 4 bzw. 8 m/min (Werkstückdrehzahlen n_w = 2270 bzw. 4590 min^{-1}) liegen hier identische Versuchsbedingungen vor, die nicht zuletzt auch aufgrund des Aufmaßes von z = 0,3 mm einer Schruppbearbeitung entsprechen. Diese Bedingungen wurden gewählt, um einen raschen Verschleißfortschritt zu erzielen, an dem die beim spitzenlosen Durchlaufschleifen typischen Verschleißerscheinungen eindeutig zu erkennen sind.

Versuchsbedingungen

Schleifscheibe	EKr 60/3 M5 Ke	RS - Neigungswinkel	$\alpha_r = 2^0$
Werkstoff	100 Cr 6	Auflagewinkel	$\beta = 30^0$
Schnittgeschwindigkeit	v_s = 30 m/s	Schleifscheibenbreite	b_s = 300 mm
Kühlschmierstoff	Emulsion 3%	Schleifscheibendurchmesser	d_s = 557 mm
Werkstückdurchmesser	d_w = 15,7 - 16 mm	Bearbeitungslänge	l = 98 mm
Höhenlage	h = 11 mm	Aufmaß	z = 0,30 mm

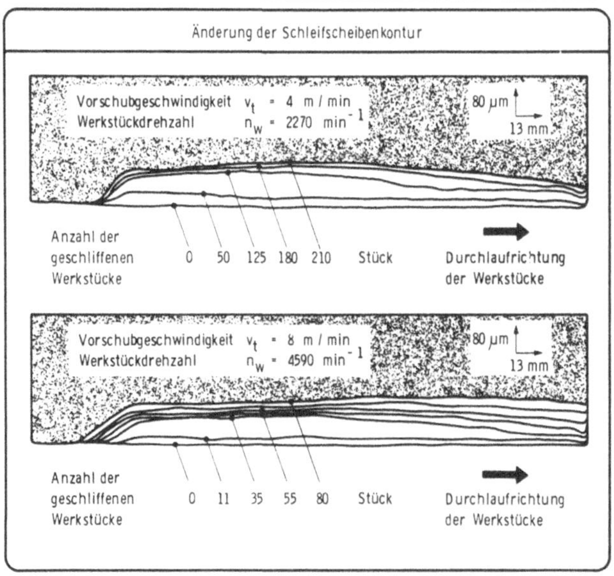

Bild 31: Beispiele für die zeitliche Änderung des Schleifscheibenprofils bei einstufiger Prozeßführung

Deutlich voneinander zu unterscheiden sind Einlaufzone und Schleifzone. Infolge der Streuungen des Werkstückanfangsdurchmessers weist auch die Einlaufzone bei v_t = 8 m/min (untere Profildarstellung) einen Verschleiß im Übergang zur Schleifzone auf. In beiden Fällen ist bereits nach der Bearbeitung weniger Werkstücke eine Verschleißausbreitung längs der gesamten Schleifzone zu beobachten. Der Radialverschleiß besitzt jedoch ein Maximum, welches sich im Laufe des Prozesses in Werkstückdurchlaufrichtung verschiebt.

Diese oben beschriebene Verschleißentwicklung mit allen ihren Erscheinungen tritt bei allen weiteren Versuchen mit einstufiger Prozeßführung in ähnlicher bzw. gleicher Form wieder auf. Unterschiede sind lediglich, wie auch im dargestellten Beispiel, in der Höhe des Verschleißbetrages zu verzeichnen, der sich entsprechend der Aussage des Kap. 3.2 zum einen an der Belastungshöhe (Z') und zum anderen an der Belastungsdauer (t_s bzw. V_w) orientiert.

5.1.2 Schleifscheibenverschleißvolumen

Den grundsätzlichen Zusammenhang zwischen dem Schleifscheibenverschleißvolumen und der Scheibenbelastung für Bearbeitungsbeispiele unter Schlicht- und Schruppbedingungen beim Regelscheibenneigungswinkel $\alpha_r = 4^\circ$ zeigen die Bilder 32 und 33. Mit steigender Belastungshöhe, also größerem bez. Zeitspanungsvolumen Z' und zunehmender Prozeßdauer (Zerspanungsvolumen V_w) nimmt das Verschleißvolumen V_s zu.

Dabei erfolgt die Erhöhung von Z' zum einen durch Steigerung der Vorschubgeschwindigkeit (jeweils innerhalb des Bildes 32 bzw. 33) und zum anderen durch eine Vergrößerung des Aufmaßes bzw. der Zustellung (Vergleich von Bild 32 und 33).

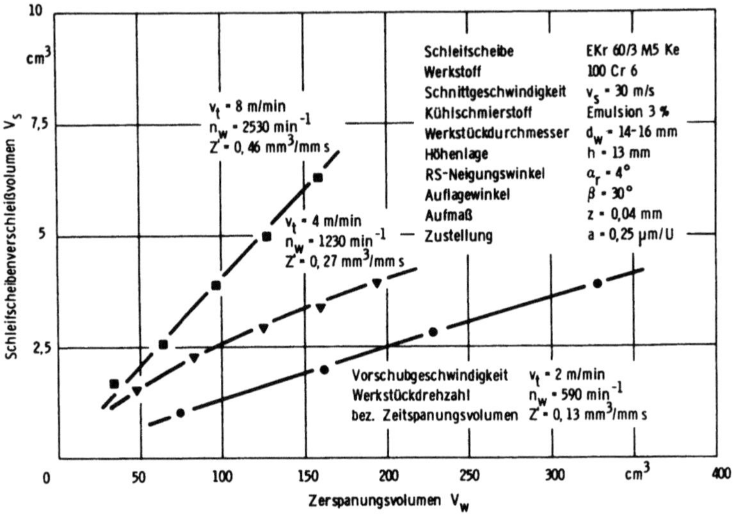

Bild 32: Zunehmende Scheibenbelastungshöhe (Z') und -dauer (V_w) steigern den Schleifscheibenverschleiß (Schlichtbedingungen, $\alpha_r = 4^o$)

Ebenfalls für die Schruppbearbeitung (z = 0, 3 mm) ist in Bild 34 der Zusammenhang zwischen Verschleiß- und Zerspanungsvolumen beim Regelscheibenneigungswinkel $\alpha_r = 2^o$ dargestellt. Bei einem Vergleich mit $\alpha_r = 4^o$ (Bild 33) läßt sich erkennen, daß bei der Vorschubgeschwindigkeit v_t = 4 m/min (Z' = 1, 9 mm^3/mms) in beiden Fällen das gleiche Verschleißvolumen bei identischem Werkstoffabtrag entsteht. Dies ist um so beachtenswerter, da sich die Faktoren, aus denen sich das bez. Zeitspanungsvolumen Z' ergibt, nämlich Zustellung a und Werkstückgeschwindigkeit v_t, erheblich voneinander unterscheiden. Gleiches kann bei v_t = 8 m/min bzw. Z' = 3, 9 mm^3/mms beobachtet werden. Die Daten sind in Tabelle 2 nochmals gegenübergestellt.

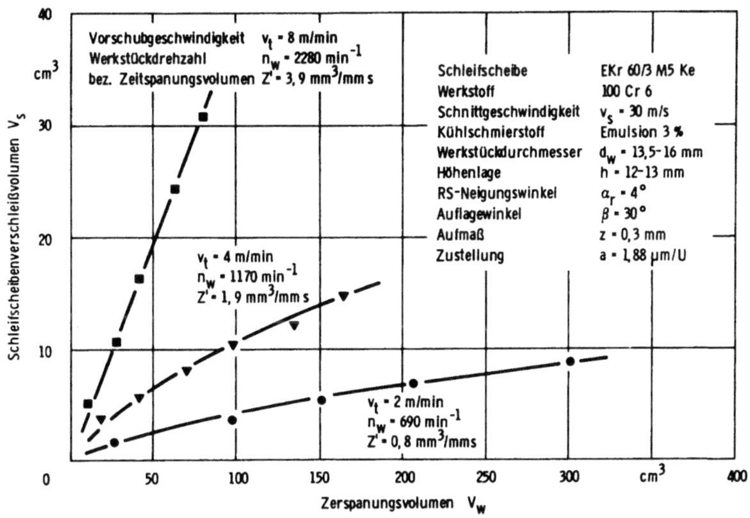

Bild 33: Zunehmende Scheibenbelastungshöhe (Z') und -dauer (V_w) steigern den Schleifscheibenverschleiß (Schruppbedingungen, α_r = 4°)

Das bedeutet, der Verschleißfortschritt hängt allein von der Kenngröße "bez. Zeitspanungsvolumen Z'" ab. Da gilt

$$Z' = a \cdot v_w \frac{1}{l_w} \qquad (14)$$

mit

$$a = \frac{\pi \, d_w \, z \tan \alpha_r}{b_{seff}} \qquad (15)$$

und

$$v_w = \pi \, n_r \, d_r \cos \alpha_r \qquad (16)$$

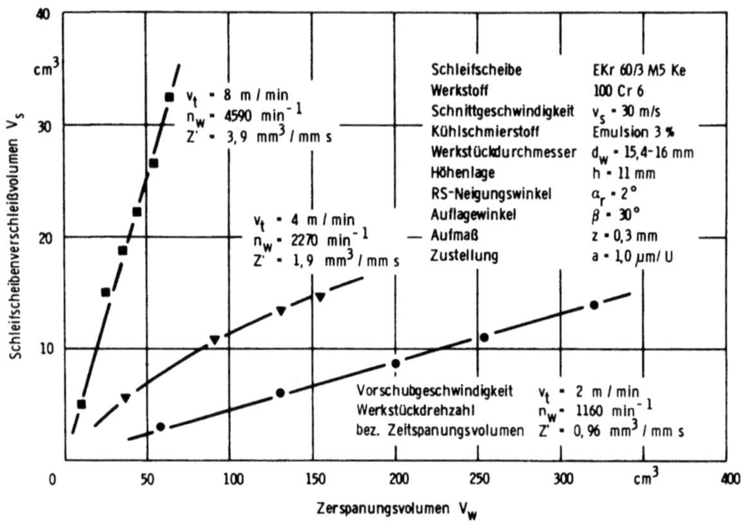

Bild 34: Zunehmende Scheibenbelastungshöhe (Z') und -dauer (V_w) steigern den Schleifscheibenverschleiß (Schruppbedingungen, $\alpha_r = 2^o$)

Tabelle 2: Gegenüberstellung der Werte von Zustellung und Werkstückgeschwindigkeit bei gleichem bez. Zeitspanungsvolumen

RS-Neigungswinkel	$\alpha_r = 2^o$	$\alpha_r = 4^o$
Zustellung	a = 1,0 µm/U	a = 1,88 µm/U
Werkstückgeschwindigkeit	v_w = 1,9 m/s	v_w = 1,0 m/s
bez. Zeitspanungsvolumen	$Z' = a \cdot v_w$ = 1,9 mm^3/mm s	
Werkstückgeschwindigkeit	v_w = 3,9 m/s	v_w = 2,05 m/s
bez. Zeitspanungsvolumen	$Z' = a \cdot v_w$ = 3,9 mm^3/mm s	

werden alle in Bild 2 aufgezählten Stellgrößen in Z' zusammengefaßt. Jede Veränderung einer dieser Stellgrößen muß demzufolge auch Einfluß auf den Verschleiß haben. Variiert man jedoch mehrere Größen so, daß das Produkt Z' konstant bleibt, so heben sich auch die Auswirkungen dieser Größen auf den Verschleiß auf. Dies wird im nachfolgenden Kapitel anhand des Abtragsverhältnisses G noch weiter verdeutlicht.

5.1.3 Abtragsverhältnis

Für identische Schleifbedingungen ist in Bild 35 das Abtragsverhältnis G über dem bez. Zerspanungsvolumen V'_w für die Fertigbearbeitung bei

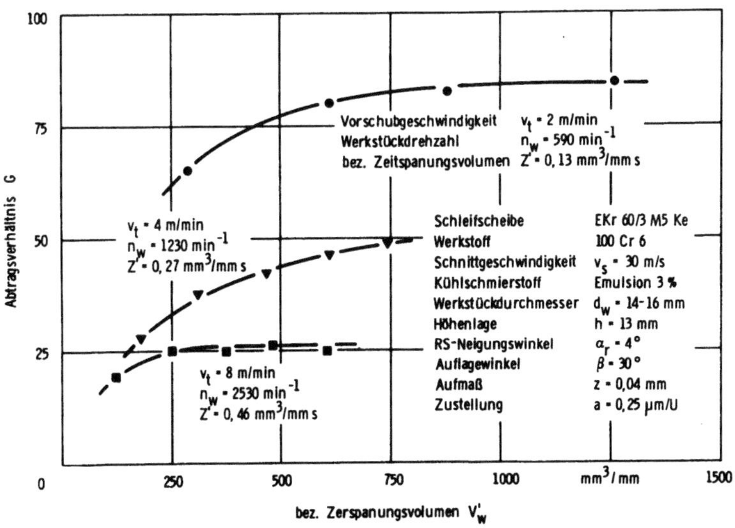

Bild 35: Die Verringerung der Belastungshöhe (Z') bewirkt günstigere Abtragsverhältnisse
(Schlichtbedingungen, α_r = 4°)

$\alpha_r = 4^o$, im Bild 36 für die Vorbearbeitung bei $\alpha_r = 2^o$ aufgetragen. Das bez. Zerspanungsvolumen V'_w, das sich nach Gl. (17) und (18) zu

$$V'_w = n \frac{V_w}{b_{seff}} \tag{17}$$

$$= n \frac{\pi \, d_w \, z \, l}{2 \, b_{seff}} \tag{18}$$

mit

n = Anzahl der Werkstücke

bestimmt, wurde zu Vergleichszwecken mit anderen Schleifverfahren als Abzisse in den Bildern gewählt.

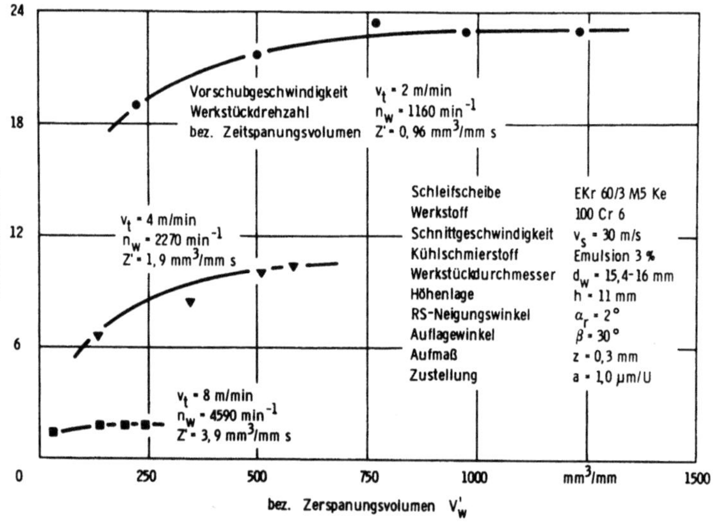

Bild 36: Die Verringerung der Belastungshöhe (Z') bewirkt günstigere Abtragsverhältnisse (Schruppbedingungen, $\alpha_r = 2^o$)

Da sich die frisch abgerichtete Schleifscheibe erst im Laufe der Bearbeitung auf die jeweilige Belastung einstellt, liegt zu Prozeßbeginn (geringes bez. Zerspanungsvolumina) stets ein höherer Verschleiß vor. Erst mit größeren Zerspanungsvolumina stellt sich ein stationärer Zustand ein, der je nach Höhe des bez. Zeitspanungsvolumens hier zwischen

$$2 \leq G \leq 80$$

zu finden ist. Es muß jedoch beachtet werden, daß gleichen bez. Zerspanungsvolumina bei den sechs Beispielen unterschiedliche Bearbeitungszeiten zuzuordnen sind, ein G-Wert bei höherer Scheibenbelastung also nach kürzerer Scheibenbelastungsdauer ermittelt wurde.

Vermieden wird diese Problematik, wenn man G bei konstanter Belastungshöhe betrachtet. Hierbei bedeutet gleiches zerspantes Werkstoffvolumen auch gleiche Schleifzeit. In Bild 37 sind drei Bearbei-

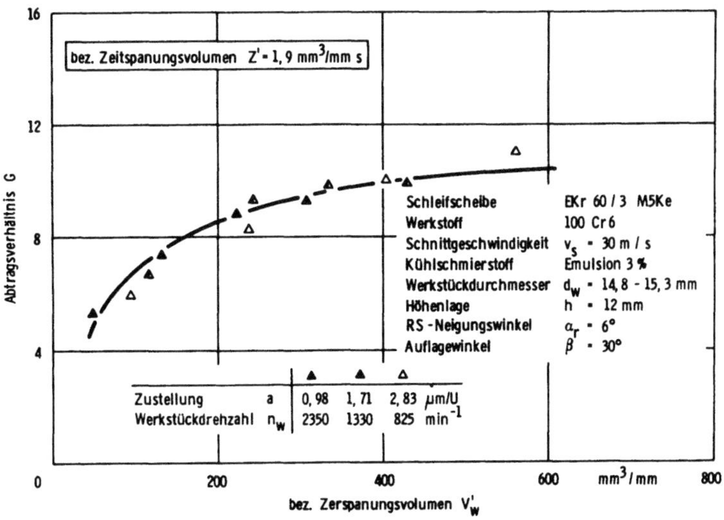

Bild 37: Gleiche Belastungshöhe ($Z' = 1,9\ mm^3/mms$) bei unterschiedlicher Maschineneinstellung hat identische Verschleißbeträge zur Folge ($\alpha_r = 6^o$)

tungsfälle mit dem bez. Zeitspanungsvolumen $Z' = 1{,}9\ mm^3/mms$, aber unterschiedlichen Werten für Zustellung a und Werkstückdrehzahl n_w beim Regelscheibenneigungswinkel $\alpha_r = 6^o$ dargestellt. Die Lage der Meßpunkte verdeutlicht auch hier wieder, daß der Schleifscheibenverschleiß bei konstantem V'_w nur von dem bez. Zeitspanungsvolumen als Gesamtgröße abhängt und ein systematischer Einfluß von a und v_w (n_w) auf die Verschleißentwicklung nicht vorliegt.

In den Bildern 38 - 41 wird diese Erkenntnis bestätigt. Dabei wurden eine Vielzahl von Untersuchungen im praxisüblichen Bereich von

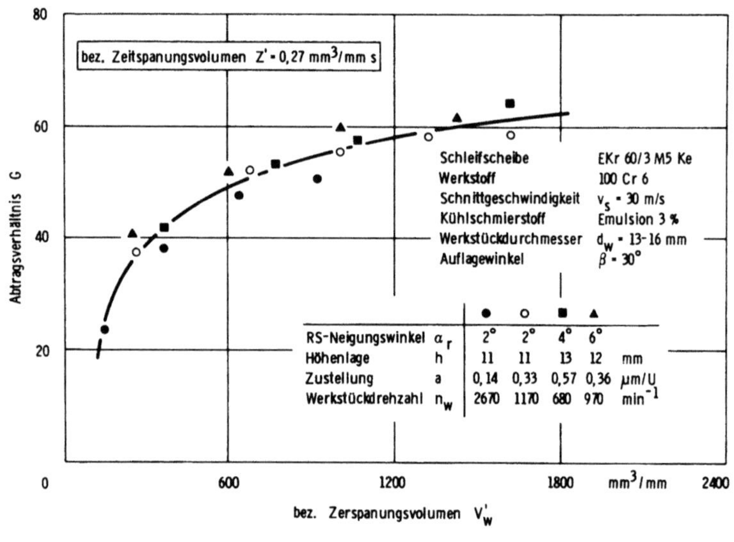

Bild 38: Gleiche Belastungshöhe ($Z' = 0{,}27\ mm^3/mms$) bei unterschiedlicher Maschineneinstellung hat identische Verschleißbeträge zur Folge ($\alpha_r = 2^o - 6^o$)

$Z' = 0{,}27$ bis $2{,}5\ mm^3/mms$ vorgenommen. Zusätzlich zu den in Bild 37 variierten Stellgrößen fand hierbei auch eine systematische Änderung des

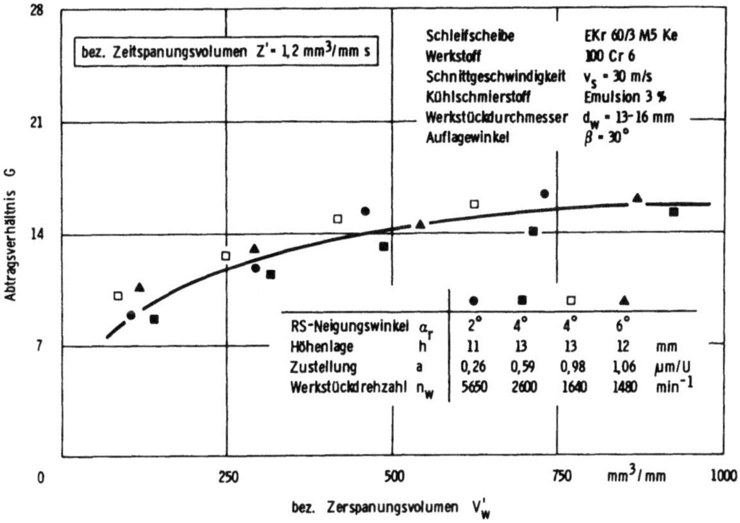

Bild 39: Gleiche Belastungshöhe (Z' = 1, 2 mm^3/mms) bei unterschiedlicher Maschineneinstellung hat identische Verschleißbeträge zur Folge (α_r = 2° - 6°)

Regelscheibenneigungswinkels statt. Wiederum zeigt sich G aber nur vom Betrag des bez. Zeitspanungsvolumens beeinflußt, eine direkte Abhängigkeit zwischen Verschleißfortschritt und α_r ist nicht festzustellen.

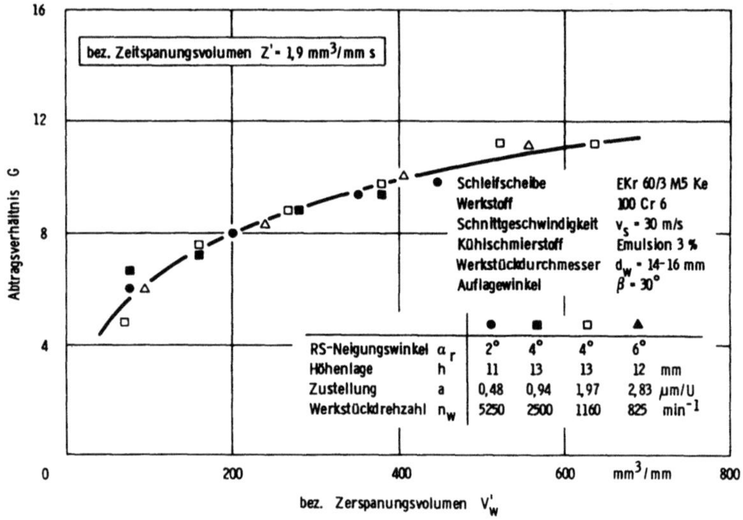

Bild 40: Gleiche Belastungshöhe ($Z' = 1,9\ mm^3/mms$) bei unterschiedlicher Maschineneinstellung hat identische Verschleißbeträge zur Folge ($\alpha_r = 2^o - 6^o$)

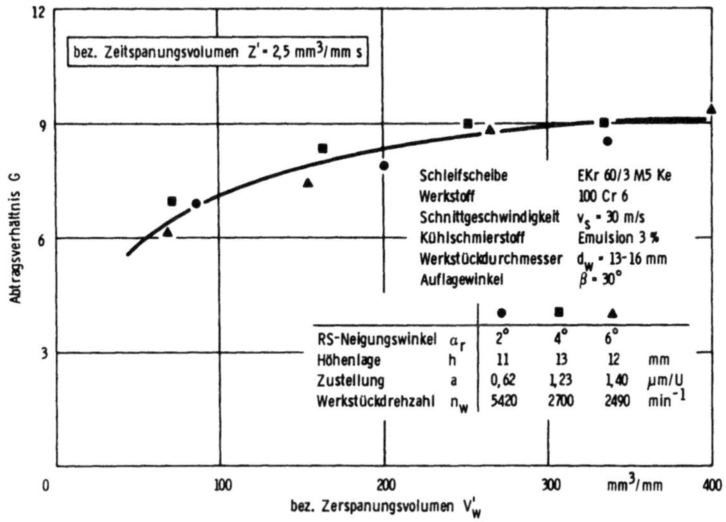

Bild 41: Gleiche Belastungshöhe ($Z' = 2,5\ mm^3/mms$) bei unterschiedlicher Maschineneinstellung hat identische Verschleißbeträge zur Folge ($\alpha_r = 2^o - 6^o$)

5.1.4 Verschleißvolumenstrom

Mit der Einführung des bez. Verschleißvolumenstromes kann nun auch der Schleifscheibenverschleiß über der Belastungshöhe wiedergegeben werden.

Im Gegensatz zu Gl. (7) in Kap. 3.2

$$Q'_s = \frac{\delta V'_s}{\delta t_s} \qquad (7)$$

ist der in Bild 42 über Z' aufgetragene Verschleißvolumenstrom Q'_{s0}

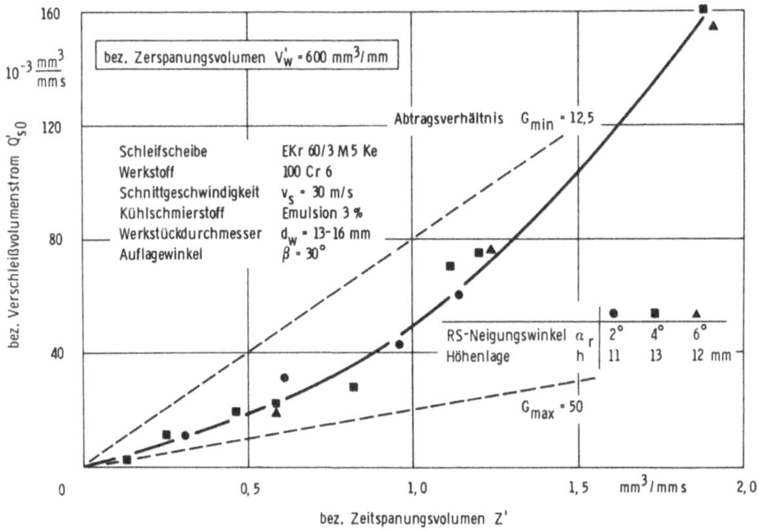

Bild 42: Mit größer werdender Scheibenbelastung (Z') bei konstantem Werkstoffabtrag nimmt der Verschleiß zu

anhand der Beziehung

$$Q'_{s0} = \frac{\Delta V'_s}{\Delta t_s} \tag{19}$$

ermittelt. Es wird demzufolge nicht der zu jedem Augenblick des Schleifens vorliegende Verschleißvolumenstrom beschrieben, sondern ein über ein bestimmtes Zeitintervall gemittelter Wert angegeben. Als Bezugspunkt wurde der Prozeßbeginn, das heißt $V'_s = 0$ und $t_s = 0$, gewählt.

Bild 42 zeigt den progressiven Anstieg von Q'_{s0} mit wachsendem bez. Zeitspanungsvolumen Z'. Dies bedeutet, mit größer werdender Scheibenbelastung bei gleichem Werkstoffabtrag (hier $V'_w = 600\ mm^3/mm$)

nimmt der Verschleiß zu. Außerdem besitzt die Darstellung in Bild 42 den Vorteil, daß Geraden durch den Ursprung den geometrischen Ort für konstante Abtragsverhältnisse repräsentieren, wobei deren Höhe an der Steigung der Geraden abgelesen werden kann. Die dargestellten Versuche lagen im Bereich

$$12,5 \leq G \leq 50$$

Bild 43 veranschaulicht den Zusammenhang zwischen bez. Verschleißvolumenstrom Q'_{s0} und bez. Zerspanungsvolumen V'_w bei unterschied-

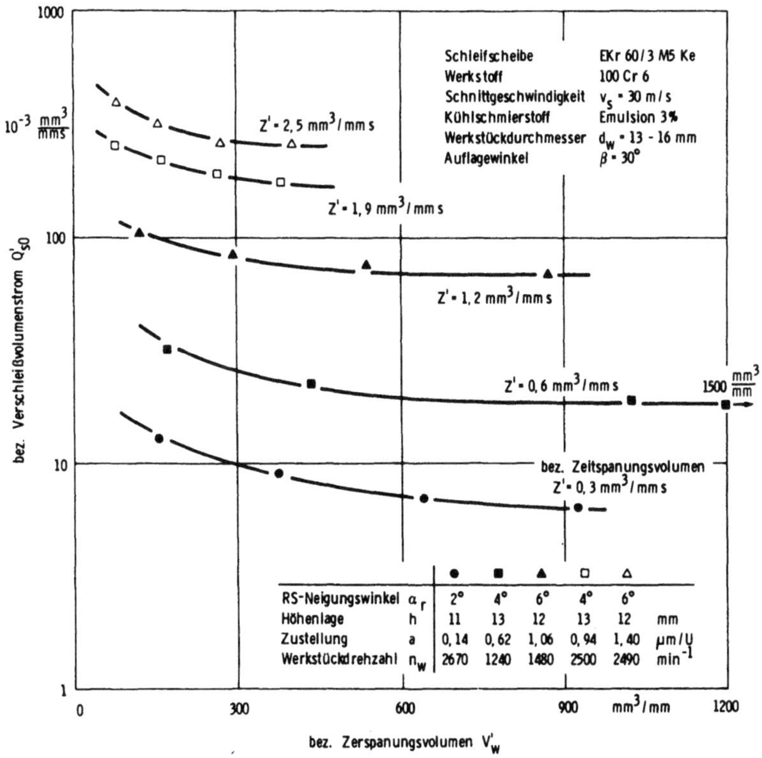

Bild 43: Mit zunehmendem Werkstoffabtrag (V'_w) sinkt der Verschleißvolumenstrom bei konstanter Belastungshöhe (Z') ab.

lichen Belastungshöhen. Wie dem Bild zu entnehmen ist, bewirkt die Zunahme von V'_w einen degressiven Verschleißabfall. Dieser Verlauf erklärt sich, entsprechend dem Anstieg des G-Wertes, durch die erst nach und nach erfolgende Anpassung der Scheibe an den Bearbeitungsfall.

Aufgrund der in den vorangegangenen Abschnitten 5.1.2 und 5.1.3 ermittelten Zusammenhänge, ist in Bild 43 für jeden Z' -Bereich nur ein ausgewählter Versuch dargestellt. Er kann jedoch beliebig durch andere mit gleicher Belastungshöhe ersetzt werden.

Schließlich zeigt Bild 44 den Verlauf des bez. Verschleißvolumenstroms Q'_{s0} in Abhängigkeit sowohl von Z' als auch V'_w. Die in das dreidimensionale Achsensystem eingezeichnete Fläche gibt die Ergebnisse aller Verschleißuntersuchungen beim einstufigen Schleifprozeß wieder. Was aufgrund des halblogarithmischen Maßstabes in Bild 43 nicht zum Ausdruck kam, ist hier jedoch zu erkennen: Der Verschleißabfall zu Beginn des Schleifprozesses (geringes V'_w) wird mit zunehmender Belastungshöhe steiler. Liegt keine Scheibenbelastung vor (Z' = 0), so entsteht auch kein Verschleiß (Q'_{s0} = 0).Als obere Grenze der Belastung wurde bei den Untersuchungen Z' = 4 mm^3/mms nicht überschritten, womit der praxisübliche Bereich abgedeckt ist.

Um eine Aussage über das momentane Abtragsverhältnis G^* und den zu einem bestimmten Zeitpunkt vorliegenden Verschleißvolumenstrom Q'_s machen zu können, muß noch einmal auf den in Bild 45 dargestellten Zusammenhang Verschleißvolumen V_s und Zerspanungsvolumen V_w zurückgegriffen werden. Im Bild sind dazu vier ausgewählte Z' -Bereiche durch jeweils drei Versuche bei $\alpha_r = 2^o$, 4° und 6° beschrieben.

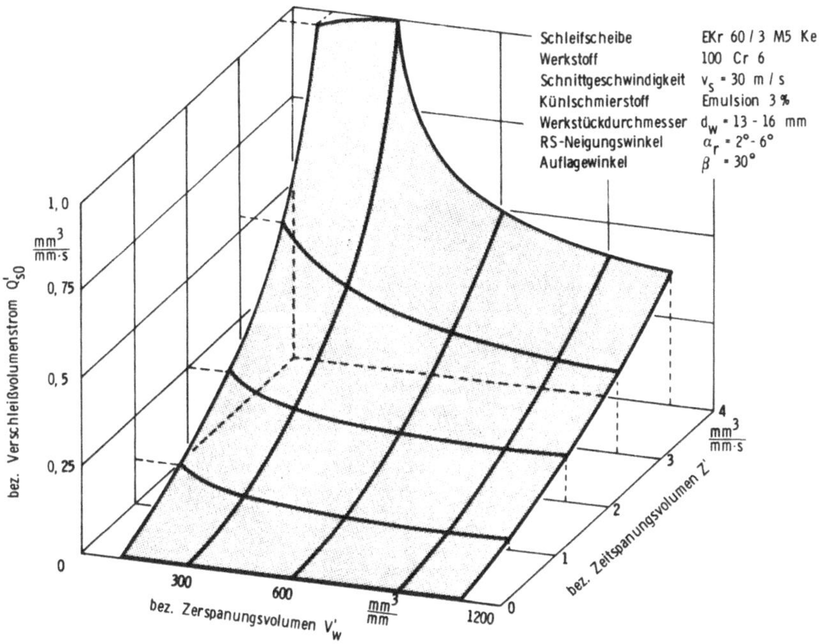

Bild 44: Zusammenhang zwischen Verschleißvolumenstrom, Zerspanungs- und Zeitspanungsvolumen

Bis auf den "Anfangsverschleiß" kann man, wie aus Bild 45 hervorgeht, den Kurvenverlauf für jede einzelne Belastungshöhe in guter Näherung durch eine Gerade beschreiben. Da laut Gl. (6) gilt

$$G^{*} = \frac{\delta V_w}{\delta V_s} = \frac{\delta V'_w}{\delta V'_s} \qquad (6)$$

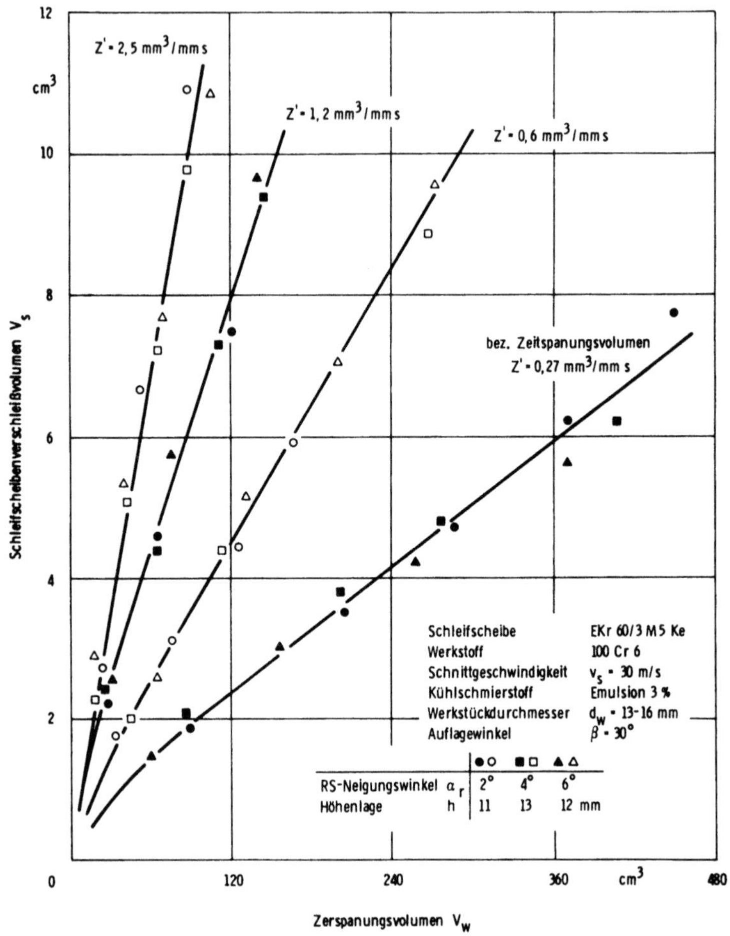

Bild 45: Bis auf einen "Anfangsverschleiß" ergibt sich mit zunehmendem Werkstoffabtrag ein linearer Verschleißanstieg

gibt demzufolge die Steigung der Geraden den Wert des momentanen Abtragsverhältnisses G^* an. Es ist demnach bis auf den Beginn des Prozesses in jedem Augenblick konstant. Über den Zusammenhang

$$G^* = \frac{\delta V'_w}{\delta t_s} \cdot \frac{\delta t_s}{\delta V'_s} = \frac{Z'}{Q'_s} \qquad (20)$$

entsprechend der Gleichungen (7) bis (9) läßt sich auch der ebenfalls konstante Verschleißvolumenstrom Q'_s ermitteln.

Das Ergebnis der graphischen Differentiation zur Bestimmung von G^* sowie der sich daraus ergebende Q'_s-Wert, sind dem Bild 46 zu entnehmen.

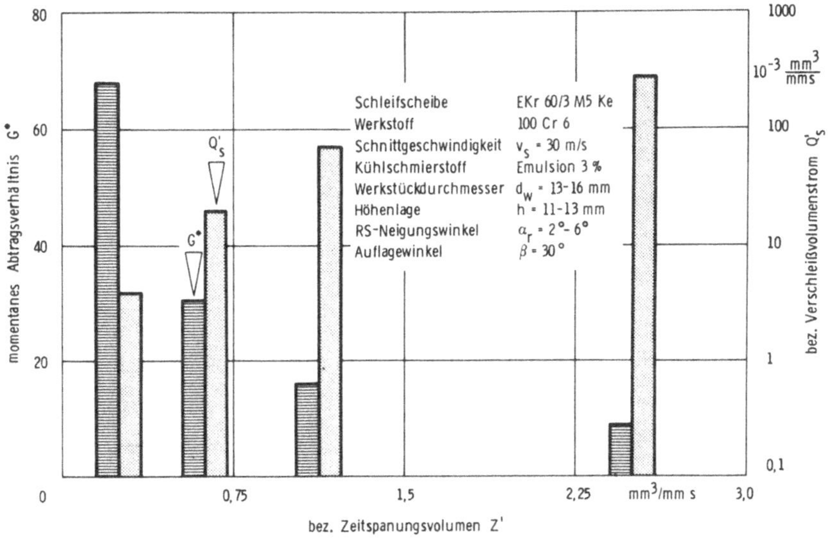

Bild 46: Während das momentane Abtragsverhältnis absinkt, steigt der Verschleißvolumenstrom mit zunehmender Belastungshöhe (Z') an

Auch hier gilt wieder: Bei Vergrößerung der Belastungshöhe Z' nimmt das Abtragsverhältnis G^* ab, während der bez. Verschleißvolumenstrom Q'_s ansteigt.

5.1.5 Kreisformabweichung und Mittenrauhwert

Zur Bewertung der Werkstückqualität beim spitzenlosen Schleifen zieht man neben der Maßgenauigkeit in erster Linie die Kreisformabweichung heran. Außerdem sind noch Oberflächengüte und Zylindrizität zu nennen, die sich jedoch beide durch die Beachtung entsprechender Regeln beherrschen lassen. So muß z.B. zur Einhaltung der Zylindrizität für eine einwandfreie Werkstückführung im Bereich der Zu- und Abführung gesorgt werden. Auch die Oberflächenqualität, gekennzeichnet durch den Mittenrauhwert R_a, besitzt im Gegensatz zur Kreisformabweichung keine für das spitzenlose Schleifen typischen Gesetzmäßigkeiten. Werden allgemeine schleiftechnologische Regeln eingehalten, so ist sie sicher zu gewährleisten.

Die nachfolgend vorgestellten Untersuchungsergebnisse, zur Änderung der Kreisformabweichung f_k und des Mittenrauhwertes R_a in Abhängigkeit vom zerspanten Werkstoffvolumen, geben beispielhaft den Bereich wieder, in dem die beiden Qualitätsmerkmale bei der einstufigen Prozeßführung (Schleifen ohne Ausfunkzone) variieren.

Bild 47 zeigt für den Z'-Bereich von 0,13 bis 0,46 mm^3/mms (Fertigschliff) die Änderung der Rundheit über dem Zerspanungsvolumen. Bei allen Versuchsreihen liegt zu Beginn eine Kreisformabweichung von f_k = 0,5 - 0,6 μm vor, die sich mit zunehmendem Werkstoffabtrag langsam verschlechtert. Beim Erreichen eines Rundheitsfehlers von etwa f_k = 0,9 μm wurden die Versuche abgebrochen. Man erkennt, daß dies bei der höchsten dargestellten Scheibenbelastung (Z' = 0,46 mm^3/mms) schon nach der Zerspanung von $V_w \approx$ 165 cm^3 (entspricht etwa 1800 Werkstücken) der Fall war, während bei Z' = 0,13 mm^3/mms mehr als das doppelte Werkstoffvolumen abgetragen werden konnte. Trotzdem ist der Prozeß mit Z' = 0,46 mm^3/mms, unter der Voraussetzung: To-

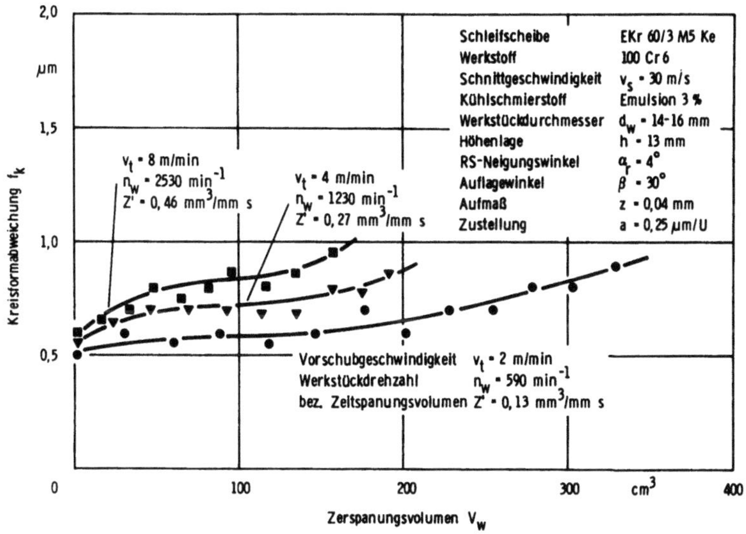

Bild 47: Anstieg der Kreisformabweichung mit zunehmendem Zerspanungs- und bez. Zeitspanungsvolumen (Fertigschliff, $\alpha_r = 4^o$)

leranzgrenze f_k = 0, 9 µm, wegen der etwa 8 mal kürzeren Zeit (20 min gegenüber 160 min) wesentlich wirtschaftlicher. In der gleichen Zeit können hier fast 4-mal soviel Werkstücke bearbeitet werden.

Die Resultate für Schlicht- und Schruppbedingungen bei unterschiedlichen Regelscheibenneigungswinkeln $\alpha_r = 2^o$ und 4° enthalten die Bilder 48 und 49. Bei Z' = 0, 27 mm^3/mms (Fertigschliff) liegt die Rundheit wieder in dem in Bild 47 beschriebenen Bereich von $f_k < 1$ µm. Dagegen ist bei Z' = 0, 6 mm^3/mms bereits sehr schnell ein Kreisformfehler von $f_k \geq 1, 2$ µm zu verzeichnen. Noch stärker zeigt dies der Verlauf

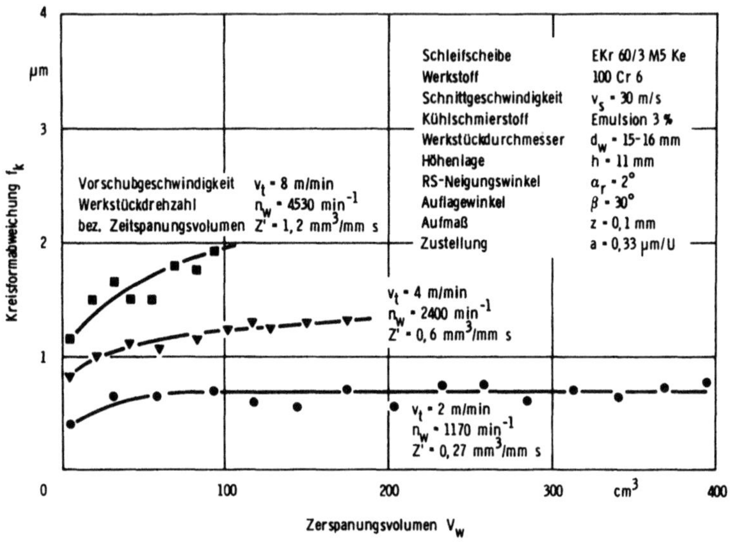

Bild 48: Anstieg der Kreisformabweichung mit zunehmendem Zerspanungs- und bez. Zeitspanungsvolumen (Vorbearbeitung, $\alpha_r = 2^o$)

des Rundheitsfehlers bei der höchsten Scheibenbelastung. Schon nach einem Abtrag von $V_w = 50\ cm^3$ erreicht f_k den Wert von 1,6 μm ($\alpha_r = 2^o$) bzw. 2,3 μm ($\alpha_r = 4^o$). Da bei diesen für die Vorbearbeitung (Schruppen) gerade noch tolerierbaren Kreisformabweichungen der Prozeß in der Praxis bereits wieder unterbrochen und erneut abgerichtet werden muß, ist eine solche Prozeßführung unwirtschaftlich.

Jedoch kann bei einem Vergleich der Bilder 48 und 49 eine für das spitzenlose Durchlaufschleifen typische Erscheinung aufgedeckt werden. So liegen bei identischem Aufmaß und gleichen Z'-Werten die Ergebnisse für $\alpha_r = 4^o$ z.T. erheblich schlechter als die für $\alpha_r = 2^o$. Zurückführen läßt sich dies nur auf die unterschiedlichen Zustellbe-

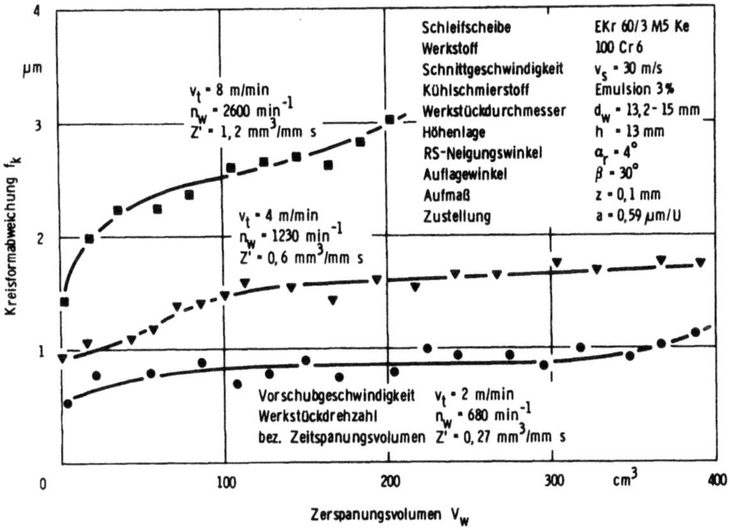

Bild 49: Anstieg der Kreisformabweichung mit zunehmendem Zerspanungs- und bez. Zeitspanungsvolumen (Vorbearbeitung, $\alpha_r = 4^o$)

träge, die bei $\alpha_r = 2^o$ wesentlich kleiner (Faktor 1, 8) sind. Aufgrund der geringeren Zustellung wird eine Abnahme der Eindringtiefe erzielt, was sich wie Bild 50 zeigt sofort auf die Wellenzahl bzw. Rundheit auswirkt /2, 6/. Dies bestätigt auch der aus anderen Untersuchungen /5, 7/ bekannte Zusammenhang, daß die Kreisformabweichung hauptsächlich durch die Zustellung und weniger die Werkstückdrehzahl bestimmt wird (Voraussetzung: identische Verhältnisse im Bereich der geometrischen Stabilität).

Nicht dargestellt sind die Ergebnisse bei Z' = 1, 9 und 3, 9 mm^3/mms. Hier liegt innerhalb der Zerspanung von V_w = 50 cm^3 ein sprunghafter Anstieg der f_k-Werte auf über 4 µm bzw. 6 µm vor, die für Praxisbelange ohne Bedeutung sind.

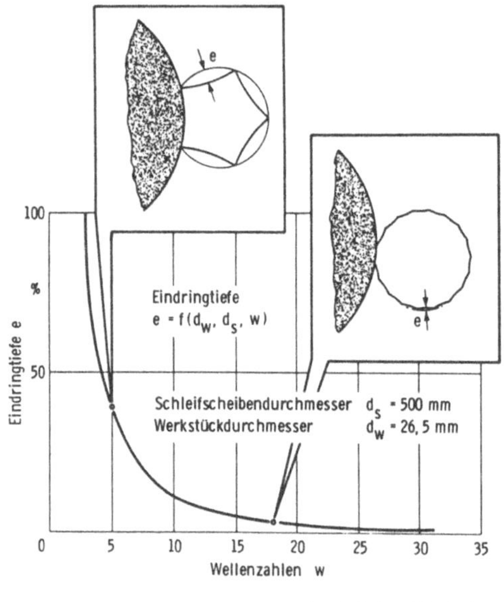

Bild 50: Eine Verringerung der Eindringtiefe (Zustellung) ergibt höhere Wellenzahlen bzw. eine bessere Rundheit der Werkstücke

Die Änderung der Oberflächengüte für Schlichtbedingungen, beschrieben durch den Mittenrauhwert R_a, gibt Bild 51 wieder. Während bei $Z' \leq 0,27\ mm^3/mms$ der in der Industrie beim Fertigschleifen maximal zugelassene Wert von $R_a = 0,4\ \mu m$ nicht überschritten wird, liegt bei $Z' = 0,46\ mm^3/mms$ eine rasche und kontinuierliche Verschlechterung der Oberflächenqualität auf $R_a = 0,65\ \mu m$ vor. Für die Endbearbeitung kann diese Einstellung demnach nicht verwendet werden.

In Bild 52 sind nochmals Fertigschliff ($Z' = 0,27\ mm^3/mms$) und Vorbearbeitung ($Z' = 1,2\ mm^3/mms$) bei $\alpha_r = 2^o$ und 4° gegenüberge-

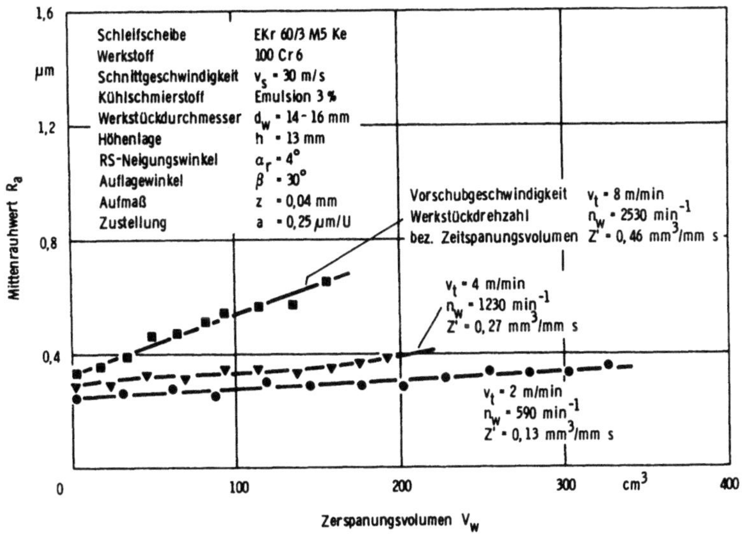

Bild 51: Anstieg des Mittenrauhwertes mit zunehmendem Zerspanungs- und bez. Zeitspanungsvolumen (Fertigschliff, $\alpha_r = 4^o$)

stellt. Wie bereits bei der Kreisformabweichung tritt auch hier wieder das jeweils schlechtere Ergebnis bei $\alpha_r = 4^o$ und der größeren Zustellung a = 0, 59 μm/U auf. Zu den Resultaten selbst: Während die Rauheit bei der geringen Scheibenbelastungshöhe in dem schon in Bild 51 genannten R_a-Bereich verläuft, liegt bei Z' = 1, 2 mm^3/mms von Beginn der Versuche an der Mittenrauhwert höher als R_a = 0, 7 μm und steigt rasch weiter an. Erklärt werden kann dies nur durch die im Laufe des Schleifprozesses rauher werdende Schleifscheibe, die sich, was auch dem R_a-Verlauf zu entnehmen ist, vom Abrichtzustand aus langsam auf die Belastung einstellt.

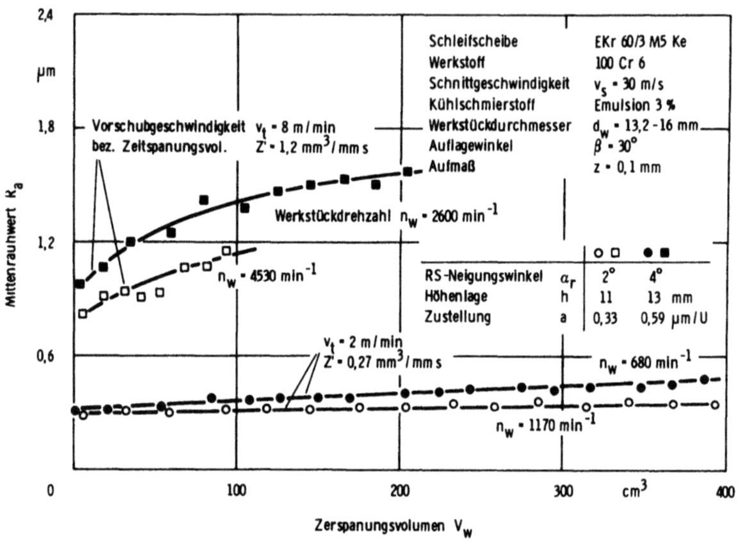

Bild 52: Konstantes Aufmaß bei gleicher Scheibenbelastung ergibt einen schlechteren Mittenrauhwert bei Vergrößerung des RS-Neigungswinkels

5.2 Verschleißentwicklung und Arbeitsergebnis bei zweistufiger Prozeßführung

5.2.1 Profiländerung der Schleifscheibe

Im Gegensatz zum einstufigen Prozeß erfolgt die Schleifspaltgestaltung bei der zweistufigen Prozeßführung durch ein entsprechendes Abrichten der Schleifscheibe, mit dem definierte Zonen erzeugt werden (vgl. Bild 10 bzw. 24). Diese Scheibenbereiche und ihre Aufgaben sind nachfolgend noch einmal kurz erläutert.

- Die Einlaufzone b_{se}- dient lediglich zum Ausgleich eventuell auftretender Werkstückdurchmessertoleranzen. Das heißt, ein Materialabtrag und ein Verschleiß dieses Abschnittes tritt praktisch kaum auf.

- In der sich anschließenden Schleifzone b_{seff}-(effektive Schleifbreite) findet dagegen die eigentliche Werkstoffzerspanung statt. Um jedoch kontinuierlich ein konstantes Aufmaß abzutragen, muß sich die Schleifzone wegen des beim Schleifen entstehenden Radialverschleißes in Durchlaufrichtung der Werkstücke verlängern. Aufgrund des Anstiegs der effektiven Schleifbreite ändern sich auch die Kenngrößen (Bild 2). So verringert sich die Zustellung pro Werkstückumdrehung und damit die Scheibenbelastungshöhe Z', da die Zerspanung des Materials auf eine längere Zone verteilt wird.

- Diese Verlängerung der Schleifbreite geschieht auf Kosten der Ausfunkzone b_{sa}, die demzufolge auch als eine Art "Reserveschleifzone" anzusehen ist. Ihr obliegt die Aufgabe für die endgültige Qualität der Werkstücke zu sorgen, was bedeutet, daß innerhalb dieses Scheibenbereiches alle Unrundheiten und Rauheiten auf ein Minimum abgebaut werden. Da sich jedoch im Laufe des Prozesses die Ausfunkzone immer mehr verringert bis sie schließlich vollständig verschwindet (Übergang zum einstufigen Prozeß), ist spätestens zu diesem Zeitpunkt das Einhalten der Maß- und Formgenauigkeit nicht mehr gewährleistet. Die Scheibe hat ihr Standzeitende erreicht und muß neu abgerichtet werden.

Die Änderung der Schleifscheibenkontur bzw. der einzelnen Scheibenbereiche ist in Bild 53 beispielhaft für zwei Versuchsserien dargestellt. Die Tabelle im oberen Bildteil enthält die Versuchsbedingungen. Verwendet wurde bei einem Aufmaß von z = 0,2 mm die Schablone 3 (Tabelle 1) mit den Abmessungen

Versuchsbedingungen			
Schleifscheibe	EKr 60/3 M5 Ke	RS-Neigungswinkel	$\alpha_r = 2^0$
Werkstoff	100 Cr 6	Auflagewinkel	$\beta = 30^0$
Schnittgeschwindigkeit	$v_s = 30$ m/s	Schleifscheibenbreite	$b_s = 300$ mm
Kühlschmierstoff	Emulsion 3%	Schleifscheibendurchmesser	$d_s = 503$ mm
Werkstückdurchmesser	$d_w = 14{,}5 - 15$ mm	Bearbeitungslänge	$l = 98$ mm
Höhenlage	$h = 11$ mm	Aufmaß	$z = 0{,}2$ mm

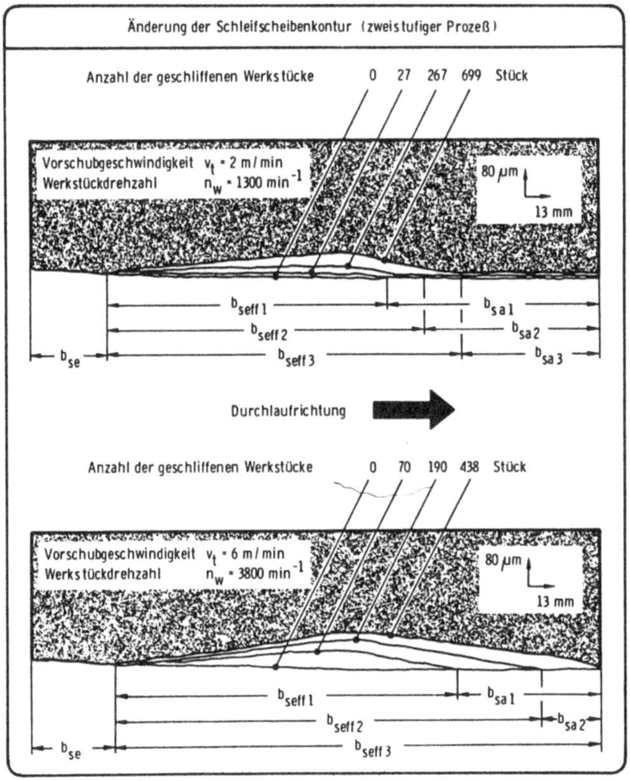

Bild 53: Beispiele für die zeitliche Änderung des Schleifscheibenprofils bei zweistufiger Prozeßführung

- Einlaufzone b_{se} = 50 mm
- effektive Schleifbreite b_{seff} = 110 mm
- Ausfunkzone b_{sa} = 140 mm

Der Verschleißfortschritt ist für zwei unterschiedliche Vorschubgeschwindigkeiten (v_t = 2 bzw. 6 m/min) eingetragen.

Beim Vergleich der zeitlichen Änderung des Scheibenprofils zwischen v_t = 2 m/min und 6 m/min fällt neben dem bei der größeren Vorschubgeschwindigkeit erwarteten deutlich höheren Verschleiß ein weiterer Unterschied auf. Die Versuche mit v_t = 2 m/min zeigen einen gleichmäßigen Radialverschleiß (paralleles Rücksetzen) im Bereich der Ausfunkzone, der bei dem anderen Versuch fehlt. Eine Begründung hierfür liefert die Maschinenkonstruktion sowie die gegenseitige Beeinflussung der Werkstücke im Schleifspalt. Die im Werkstückauslauf angebrachte Zustellspindel (Kap. 4.1) verhindert dort ein Nachgeben des Regelscheibensupports unter der Einwirkung von Prozeßkräften. Man kann deshalb die Regelscheibenseite als eine Art eingespannten Kragbalken verstehen, der sich verbiegt, wenn vorne d.h. am Anfang der Schleifzone Kräfte auf ihn ausgeübt werden. Hieraus ergibt sich eine geringe, fast gleichmäßige Zustellung im Bereich der Ausfunkzone, die dort einen Parallelverschleiß hervorruft. Warum dies bei v_t = 6 m/min nicht auftritt, läßt sich wie folgt erklären: Bei der langsamen Vorschubgeschwindigkeit ist gewährleistet, daß die Werkstücke dicht an dicht durch den Schleifspalt laufen. Es wird demzufolge ein Zustand erreicht, bei dem während der gesamten Schleifzeit ein "aufgeweiteter und verbogener" Schleifspalt vorliegt.

Bei v_t = 6 m/min lassen sich dagegen die Werkstücke nicht so schnell zuführen, wie sie bearbeitet werden. Das bedeutet, sie laufen mehr oder weniger einzeln durch den Schleifspalt, der sich demzufolge bei jedem Werkstück aufweitet und wieder schließt. Eine Rückkopplung, wie bei v_t = 2 m/min, vom einlaufenden auf das auslaufende Werkstück besteht also nicht. Es wird in Bezug auf eine Schleifspaltaufweitung kein stationärer Zustand erreicht, wodurch auch kein Parallelverschleiß im Bereich der Ausfunkzone auftritt.

Auf das Arbeitsergebnis hat aber weder die eine noch die andere Profilveränderung eine Auswirkung, wie dem Abschnitt 5.2.5 zu entnehmen ist.

Die aus den Verschleißschrieben ermittelte Zunahme der effektiven Schleifbreite ist für verschiedene Aufmaße (Schlicht-, Schruppaufmaß) und Vorschubgeschwindigkeiten in den Bildern 54 - 56 dargestellt. Bei

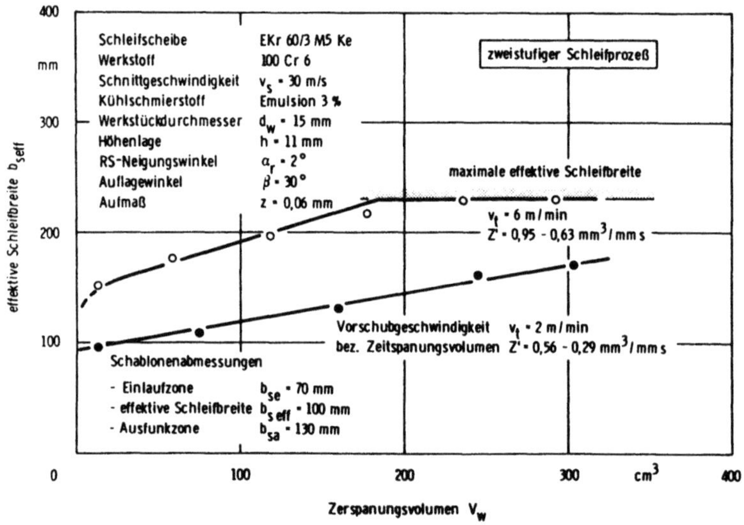

Bild 54: Zunehmende Belastungshöhe (Z') und -dauer (V_w) führen zu einem Anstieg der Schleifbreite bei zweistufiger Prozeßführung
(α_r = 2°, z = 0,06 mm)

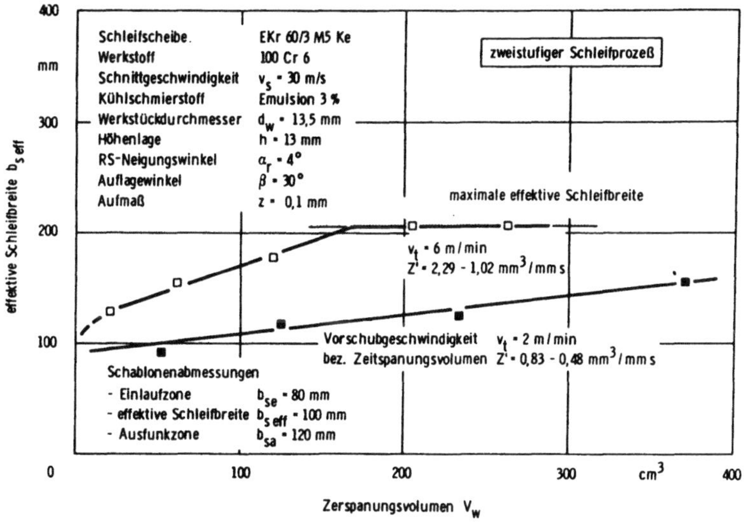

Bild 55: Zunehmende Belastungshöhe (Z') und -dauer (V_w) führen zu einem Anstieg der Schleifbreite bei zweistufiger Prozeßführung (α_r = 4°, z = 0,1 mm)

kleinen Zeitspanungsvolumina (Z'_{max} < 0,8 mm³/mms - Bild 54 und 55) ist von Beginn an ein linearer Anstieg der Schleifbreite zu erkennen. Die maximale effektive Schleifbreite, die sich aus der Addition von b_{seff} und b_{sa} ergibt, wird in diesen Fällen nicht erreicht. Ein anderer Verlauf der Schleifzonenänderung liegt dagegen bei höheren Scheibenbelastungen (Z'_{max} >1,0 mm³/mms) vor. Nach einer sich anfangs rasch vergrößernden Schleifbreite (hoher Anfangsverschleiß - gestrichelt gezeichnet) erfolgt auch hier ein Übergang in einen linearen Anstieg der Schleifzonenbreite bis zum Erreichen der maximalen effektiven Schleifbreite. Der Verlauf ist dabei unabhängig vom Regelscheibenneigungswinkel,der Zustellung und der Vorschubgeschwindigkeit,

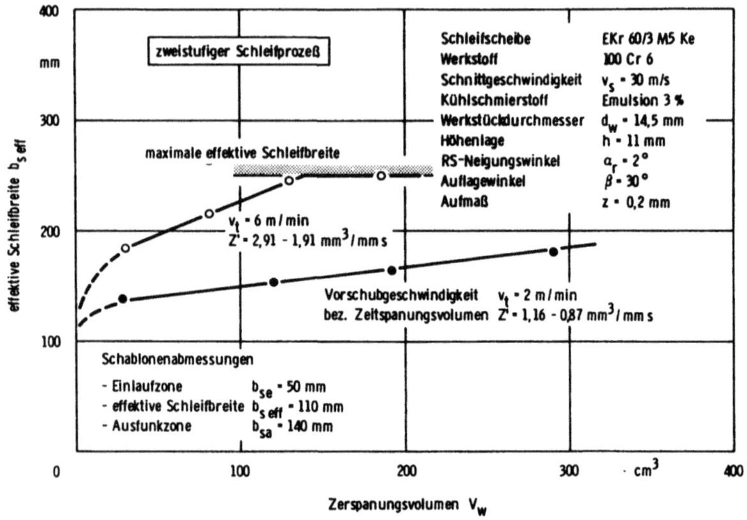

Bild 56: Zunehmende Belastungshöhe (Z') und -dauer (V_w) führen zu einem Anstieg der Schleifbreite bei zweistufiger Prozeßführung
($\alpha_r = 4^\circ$, z = 0,2 mm)

was ein Vergleich der Bilder 54 und 56 ($\alpha_r = 2^\circ$) mit 55 ($\alpha_r = 4^\circ$) zeigt. Lediglich die Scheibenbelastung bestimmt den Anstieg der Kurven bzw. das frühere oder spätere Erreichen der maximalen Schleifzone und damit das Standzeitende.

5.2.2 Schleifscheibenverschleißvolumen

Auch beim zweistufigen Prozeß wird zur Darstellung der Verschleißentwicklung, das Verschleißvolumen V_s über dem Zerspanungsvolumen V_w aufgetragen, zu dem diese Art der Darstellung den Vorteil bietet, daß eine Kenntnis der Änderung von b_{seff} mit V_w nicht erforderlich ist.

Bild 57 zeigt die Ergebnisse für Z' -Werte kleiner 1, 2 mm^3/mms. Um einen direkten Vergleich zwischen den Verschleißkurven der ein- und

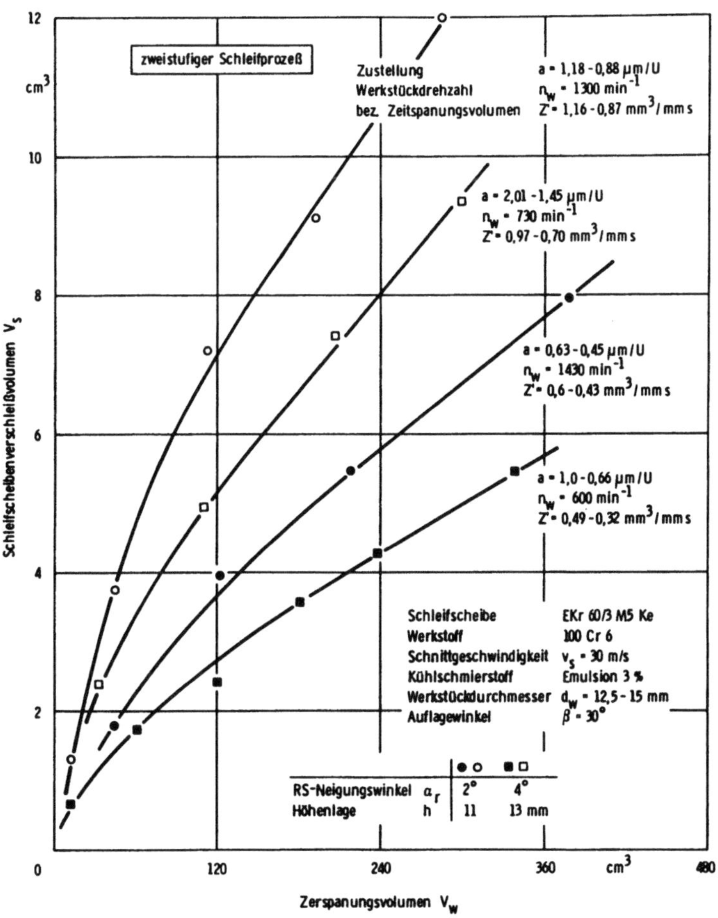

Bild 57: Zunehmende Scheibenbelastungshöhe (Z') und -dauer (V_w) steigern den Verschleiß
(Z' < 1, 2 mm^3/mms)

zweistufigen Prozeßführung zu ermöglichen, wurde ein dem Bild 45 (einstufiger Prozeß) identischer Maßstab und Bereich (V_s bis 12 cm^3, V_w bis 480 cm^3) gewählt.

Die Kurvenschar ordnet sich wiederum ausschließlich in Abhängigkeit von der Belastungshöhe. Im Gegensatz zu Bild 45 werden insgesamt flachere Kurvenverläufe erzielt, deren degressiver Anfangsverlauf erst bei einem Zerspanungsvolumen von $V_w > 120$ cm^3 in einen linearen Anstieg übergeht. Zurückzuführen ist diese Erscheinung auf die mit zunehmendem Werkstoffabtrag sinkende Scheibenbelastung Z'.

Die gleichen Zusammenhänge kann man auch dem Bild 58 entnehmen, das den Verschleißfortschritt bei größeren bez. Zeitspanungsvolumina ($Z' > 1,2$ mm^3/mms) wiedergibt.

Die den Bildern zu entnehmenden Aussagen sind nachfolgend noch einmal zusammengefaßt:

- Das Schleifscheibenverschleißvolumen steigt mit zunehmendem V_w zunächst degressiv an, verflacht sehr bald und geht bei höheren Zerspanungsvolumina in einen nahezu konstanten Anstieg über.
- Innerhalb des Bildes zeigen die Kurven mit hohem bez. Zeitspanungsvolumen sowohl einen größeren absoluten Verschleiß als auch einen stärkeren Verschleißanstieg.
- Eine Abhängigkeit des Verschleißverhaltens vom Regelscheibenneigungswinkel, der Zustellung oder der Vorschubgeschwindigkeit (Werkstückdrehzahl) kann, ebenso wie bei einstufiger Prozeßführung, nicht festgestellt werden.

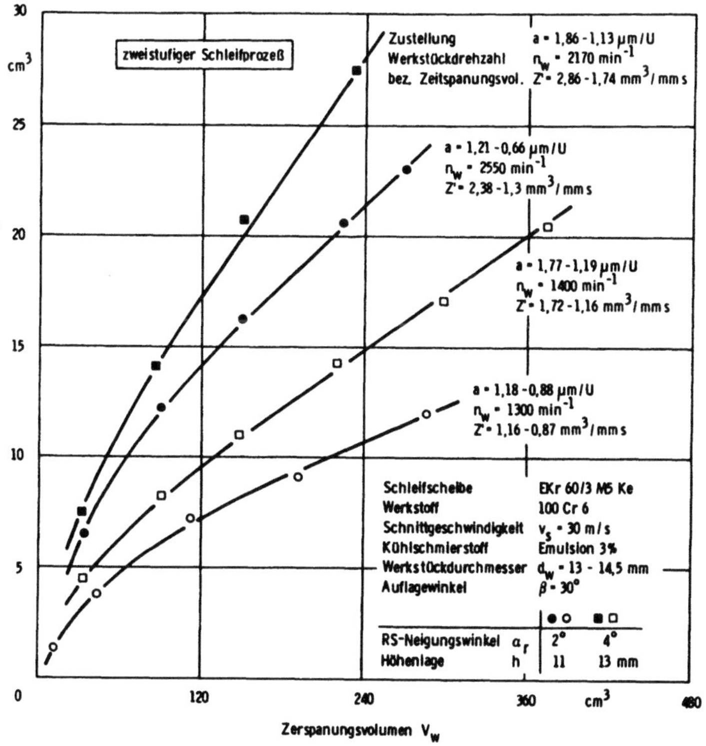

Bild 58: Zunehmende Scheibenbelastungshöhe (Z') und -dauer (V_w) steigern den Verschleiß
($Z' > 1,2\ mm^3/mms$)

5.2.3 Abtragsverhältnis

Für einige der im vorangegangenen Kapitel dargestellten Versuchsserien ist hier nun exemplarisch das den verschiedenen Prozeßzuständen zuzuordnende Abtragsverhältnis berechnet und aufgetragen (Bild 59, 60).

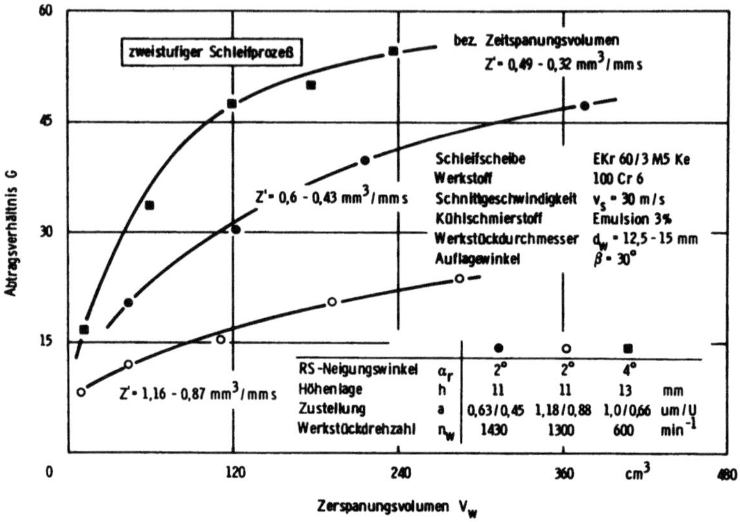

Bild 59: Die Verringerung des bez. Zeitspanungsvolumens ergibt günstigere Abtragsverhältnisse ($Z' < 1,2\ mm^3/mms$)

Dabei wurde wieder die vereinfachte Darstellung über dem Zerspanungsvolumen V_w benutzt, statt der Bezugsgröße V'_w, um unabhängig von der Schleifbreitenänderung zu bleiben.

Wiedergegeben sind in Bild 59 die G-Werte für $Z' < 1,2\ mm^3/mms$ und in Bild 60 die für die größeren Belastungshöhen. Die Kurven verlaufen wie beim einstufigen Prozeß wieder degressiv ansteigend, ohne jedoch den dort ausgeprägten Sättigungsbereich (etwa konstante G-Verhältnisse über V_w, vgl. Bild 38-41) zu erreichen. Die Begründung ist auch hier wiederum in der Schleifzonenvergrößerung zu suchen, wodurch die den Verschleiß bestimmende Schleifscheibenbelastung während des

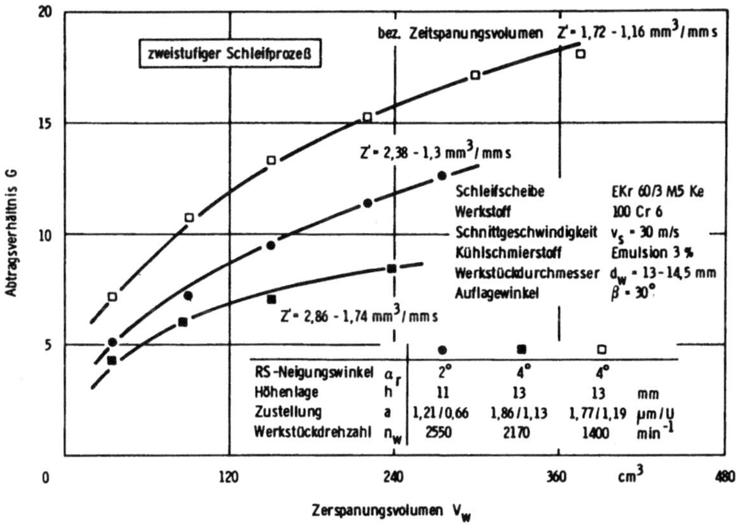

Bild 60: Die Verringerung des bez. Zeitspanungsvolumens ergibt günstigere Abtragsverhältnisse ($Z' > 1,2$ mm^3/mms)

Prozesses laufend gesenkt wird. Lediglich für den kleinsten Z' -Bereich 0,49 - 0,32 mm^3/mms in Bild 59 (oberste Kurve) deutet sich das Erreichen eines Grenzwertes an.

Der Wertebereich, in dem die Abtragsverhältnisse verlaufen, entspricht in etwa dem bei der einstufigen Prozeßführung. Dies läßt sich in einem Vergleich leicht feststellen, wozu in Tabelle 3 die Daten folgender Kurven gegenübergestellt sind

Bild 59 (2-stufig):	$Z' = 1,16 - 0,87$ mm^3/mms
Bild 36 (1-stufig):	$Z' = 0,96$ mm^3/mms

sowie

Bild 60 (2-stufig): $Z' = 2,38 - 1,3\ mm^3/mms$

Bild 36 (1-stufig): $Z' = 1,9\ mm^3/mms$

In beiden Fällen liegen für die entsprechenden Zerspanungsvolumina fast gleiche Ergebnisse vor.

Tabelle 3: Gegenüberstellung der Abtragsverhältnisse bei konstantem bez. Zeitspanungsvolumen für den ein- und zweistufigen Schleifprozeß

	1-stufiger Schleifprozeß	2-stufiger Schleifprozeß	1-stufiger Schleifprozeß	2-stufiger Schleifprozeß
bez. Zeitspanungsvolumen Z'	0,96	1,16/0,87	1,9	2,38/1,3
mittleres bez. Zeitspanungsvolumen $\bar{Z}'$		1,01		1,84
Abtragsverhältnis G, $V_w = 60 cm^3$ ($V'_w = 230 mm^3/mm$)	19,3	12,1 *		
$V_w = 300 cm^3$ ($V'_w = 1150 mm^3/mm$)	23,2	23,7		
$V_w = 30 cm^3$ ($V'_w = 115 mm^3/mm$)			6,1	5,2 *
$V_w = 160 cm^3$ ($V'_w = 615 mm^3/mm$)			10,1	9,6

* geringe G-Werte aufgrund des zu Beginn höheren bez. Zeitspanungsvolumens

Zum Abschluß sei nochmals angemerkt, daß bei einem Vergleich untereinander der in Bild 59 und 60 dargestellten Beispiele gilt: Gleichen Zerspanungsvolumina sind unterschiedliche Bearbeitungszeiten zugrunde zu legen. Ein G-Wert bei höherer Scheibenbelastung wird demzufolge bereits nach einer kürzeren Scheibenbelastungsdauer erzielt.

5.2.4 Verschleißvolumenstrom

Die Anmerkung am Schluß des Abschnittes 5.2.3 gilt ebenfalls für die in Bild 61 gezeigte Abhängigkeit des bez. Verschleißvolumenstroms Q'_{s0} vom Zerspanungsvolumen V_w. Das heißt, bei gleichem V_w sind die Ergebnisse aufgrund der unterschiedlichen Schleifzeiten nicht direkt miteinander zu vergleichen.

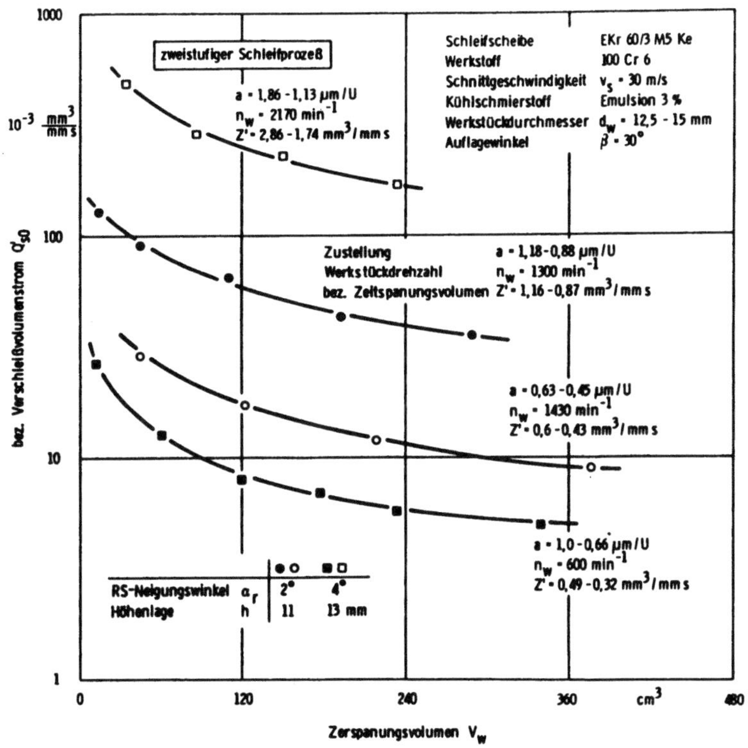

Bild 61: Mit zunehmendem Zerspanungsvolumen vermindert sich der Verschleißvolumenstrom

Wie bei der einstufigen Prozeßführung (Bild 43) ordnen sich auch hier die Kurven nach der Höhe des bez. Zeitspanungsvolumens. Die genauere Betrachtung und Gegenüberstellung der Kurvenverläufe zeigt sowohl beim ein- als auch zweistufigen Prozeß einen mit zunehmendem Werkstoffabtrag degressiv abfallenden Verschleiß. Während jedoch beim einstufigen Prozeß aufgrund der konstanten Scheibenbelastung relativ schnell ein Grenzwert für Q'_{s0} erreicht wird, fallen die in Bild 61 dargestellten Kurven weiter ab. Sie verlaufen daher bei etwa gleichen Anfangsbelastungshöhen ($Z' = 1,16$ bzw. $0,6\ mm^3/mms$) im Bereich von $V_w > 120\ cm^3$ bereits unterhalb der entsprechenden Kurven in Bild 43 (einstufiger Prozeß).

Um eine Darstellung zu erhalten, in der der zu einem bestimmten Zeitpunkt vorliegende bez. Verschleißvolumenstrom Q'_s abgebildet ist, muß wieder der Weg über das momentane Abtragsverhältnis G^* eingeschlagen werden. Anhand der konstanten Kurvensteigungen in Bild 57 und 58 für $V_w > 120\ cm^3$ (erst hier liegt linearer Verlauf vor) läßt sich G^* auch hier bestimmen.

Das Ergebnis ist in Bild 62 über dem bez. Zeitspanungsvolumen aufgetragen. Wie erwartet, nimmt das momentane Abtragsverhältnis mit zunehmender Belastung ab, wobei ein degressiver Verlauf vorliegt.

Aus dem Zusammenhang

$$Q'_s = \frac{Z'}{G^*} \qquad (21)$$

(vgl. Gl. (20)) berechnet sich der bez. Verschleißvolumenstrom. Als Referenzpunkt wurde ein Zerspanungsvolumen von $V_w = 240\ cm^3$ gewählt und die zu diesem Zeitpunkt bei jedem Versuch vorliegende effektive Schleifbreite b_{seff} ermittelt. Dies geschah durch Auswertung der

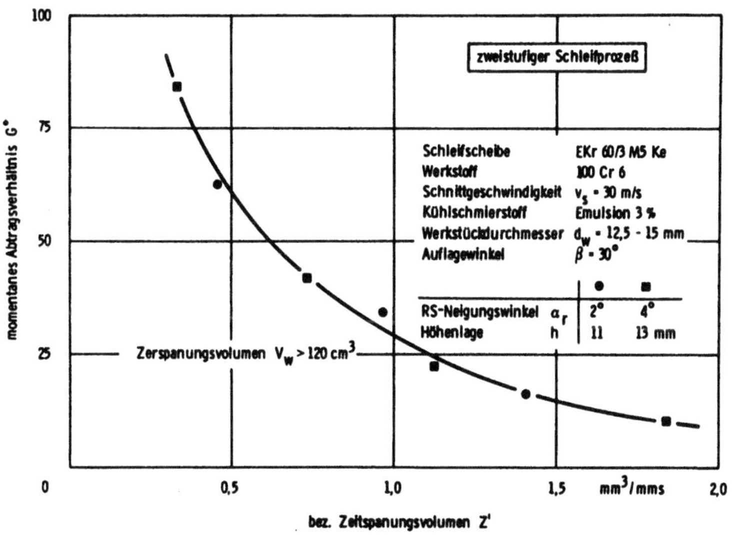

Bild 62: Das momentane Abtragsverhältnis nimmt mit zunehmender Belastungshöhe (Z') ab.

Verschleißschriebe bzw. anhand der Diagramme b_{seff} über V_w (Bild 54-56). Damit kann dann über die Bziehung

$$U = \frac{b_{seff}}{\pi \, d_w \tan \alpha_r} \tag{22}$$

und

$$a = \frac{z}{2U} \tag{23}$$

das bez. Zeitspanungsvolumen Z'

$$Z' = a \cdot v_w \frac{1}{l_w} \tag{14}$$

ermittelt werden.

Die berechneten Werte und der sich aus ihrer Verbindung ergebende Verlauf von Q'_s über der Scheibenbelastung sind dem Bild 63 zu entnehmen. Ein wiederum mit der einstufigen Prozeßführung vorgenommener Vergleich (Bild 42) zeigt die sehr gute Übereinstimmung der Ergebnisse.

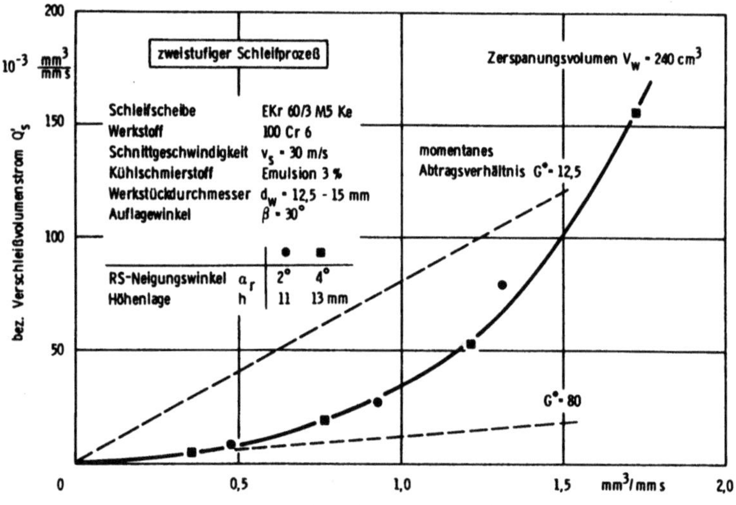

Bild 63: Bei konstantem Werkstoffabtrag nimmt der Verschleiß mit größer werdender Scheibenbelastung (Z') zu

5.2.5 Kreisformabweichung und Mittenrauhwert

Als Bewertungsgrößen zur Beschreibung der Werkstückqualität wurden, wie bereits beim einstufigen Schleifprozeß, Kreisformabweichung f_k und Mittenrauhwert R_a herangezogen.

Bild 64 zeigt die Änderung der Rundheit in Abhängigkeit vom zerspanten Werkstoffvolumen für die Versuche mit Schlichtaufmaß z = 0,06 mm, Vorschubgeschwindigkeit v_t = 2 bzw. 6 m/min beim RS-Neigungswinkel $\alpha_r = 2^o$.

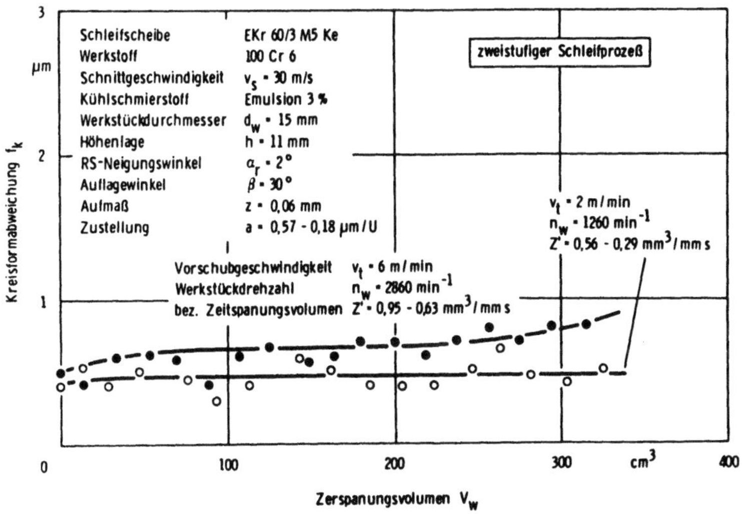

Bild 64: Verschlechterung der Kreisformabweichung mit zunehmender Scheibenbelastung (Z') und Werkstoffzerspanung (Fertigschliff, $\alpha_r = 2^o$)

Beide Kurvenverläufe liegen trotz der relativ hohen Z' -Werte von Z' = 0,95 - 0,29 mm^3/mms von Beginn an eindeutig unterhalb f_k = 1 μm. Während für v_t = 6 m/min (obere Kurve) ein leichter Anstieg zu verzeichnen ist, ergibt sich bei der kleinen Vorschubgeschwindigkeit eine gleichbleibende Rundheit über der gesamten Schleifzeit. Die Werte streuen dabei in einem Bereich von $\pm$ 0, 2 μm um den Mittelwert $\bar{f}_k$ = 0, 45 μm.

Es fällt auf, daß für Z' = 0, 95 - 0, 63 mm^3/mms ab $V_w \approx 200\ cm^3$ keine rapide Verschlechterung der Kreisform auftritt, wie dies aufgrund des Verlaufes von b_{seff} über V_w (Bild 54) zu erwarten gewesen wäre. Zu diesem Zeitpunkt erstreckt sich nämlich die Schleifzone über die gesamte Scheibenbreite, so daß ein einstufiger Prozeß ohne Ausfunkzone entsteht. Die Vergrößerung der Unrundheit stellt sich erst später ein, erkennbar am leicht progressiven Kurvenanstieg ab $V_w \approx 280\ cm^3$ (Bild 64).

Ein Vergleich mit den Ergebnissen der einstufigen Prozeßführung (Bild 47 - Schlichtbedingungen) zeigt klare Vorteile zugunsten des zweistufigen Prozesses. Trotz höherer Scheibenbelastung bzw. Zerspanleistung wird hier durch die Ausfunkzone eine bessere Rundheit und, was viel wichtiger ist, eine gleichbleibendere Qualität erzielt. Erst wenn die Ausfunkzone verschwunden ist, tritt wie in Bild 47 zum Ende hin eine Verschlechterung der Rundheit auf.

Noch stärker beweisen dies die Ergebnisse in Bild 65 (Schruppaufmaß z = 0, 2 mm bei $\alpha_r = 2^o$). Folgende Aussagen lassen sich anhand der dargestellten Kurvenverläufe zusammenfassen:

- Solange eine Ausfunkzone vorliegt, ergeben sich bei höheren Z'-Werten nur geringfügig schlechtere Kreisformabweichungen.
- Sobald sich die effektive Schleifzone über die gesamte Scheibenbreite ausgedehnt hat, ist eine schlagartige Zunahme von f_k zu verzeichnen (Knick im Kurvenverlauf).
- Wann dieser Zeitpunkt erreicht wird, hängt von der Belastungshöhe Z' ab.

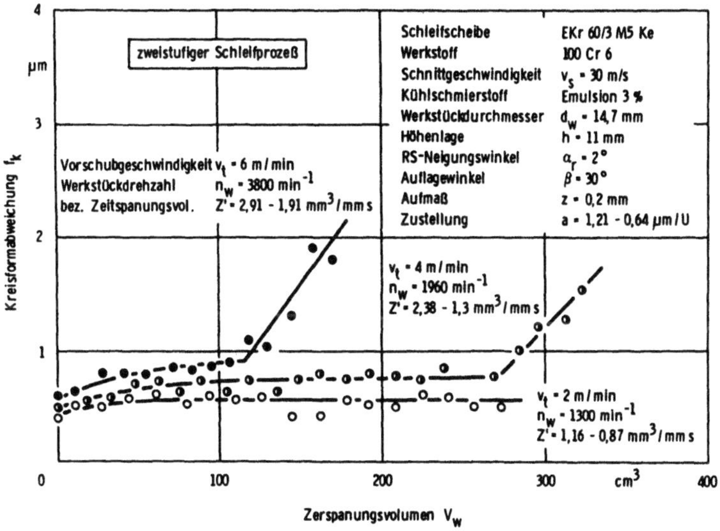

Bild 65: Verschlechterung der Kreisformabweichung mit zunehmender Scheibenbelastung (Z') und Werkstoffzerspanung (Vorschliff, $\alpha_r = 2^o$)

Bemerkenswert ist außerdem, daß auch bei den sehr hohen Z'-Werten von bis zu 2,9 mm^3/mms die Rundheit bis zum Abknicken unterhalb von f_k = 1 μm verläuft. Die Kreisformabweichung bei vergleichbaren bez. Zeitspanungsvolumina des einstufigen Prozesses lag bereits nach der Bearbeitung weniger Werkstücke bei $f_k > 3$ μm (Kap. 5.1.5).

Vergleicht man bei bis auf den Regelscheibenneigungswinkel (geändert von $\alpha_r = 2^o$ auf 4°, Bild 66) konstanten Bedingungen die Ergebnisse, so ergibt sich bei $\alpha_r = 4^o$ ebenfalls wieder die schlechtere Rundheit bis zum schlagartigen Anstieg von f_k. Das Standzeitende der Scheibe in Bezug auf die Werkstückrundheit ist dagegen bei etwa gleichen Scheibenbelastungen zum selben Zeitpunkt erreicht, was

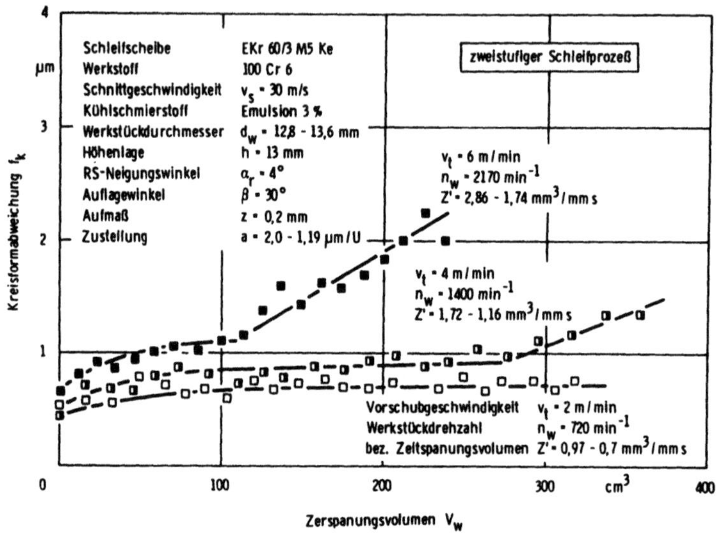

Bild 66: Verschlechterung der Kreisformabweichung mit zunehmender Scheibenbelastung (Z') und Werkstoffzerspanung (Vorschliff, $\alpha_r = 4^o$)

eine Gegenüberstellung der Bilder 65 und 66 zeigt.

Die Änderung des Mittenrauhwertes R_a in Abhängigkeit vom Zerspanungsvolumen vervollständigt die Aussage über das Arbeitsergebnis bei zweistufiger Prozeßführung.

Bild 67 zeigt die Resultate für Schlichtbedingungen. Aufgrund der geringen Scheibenbelastung Z' = 0,56 - 0,29 mm^3/mms entsteht mit zunehmendem Werkstoffabtrag eine Verfeinerung der Scheibentopographie innerhalb der Ausfunkzone /25/, so daß ausgehend von R_a = 0,23 μm die Rauheit auf ungefähr 0,15 μm absinkt und bis zum Abbruch des Versuchs etwa konstant bleibt.

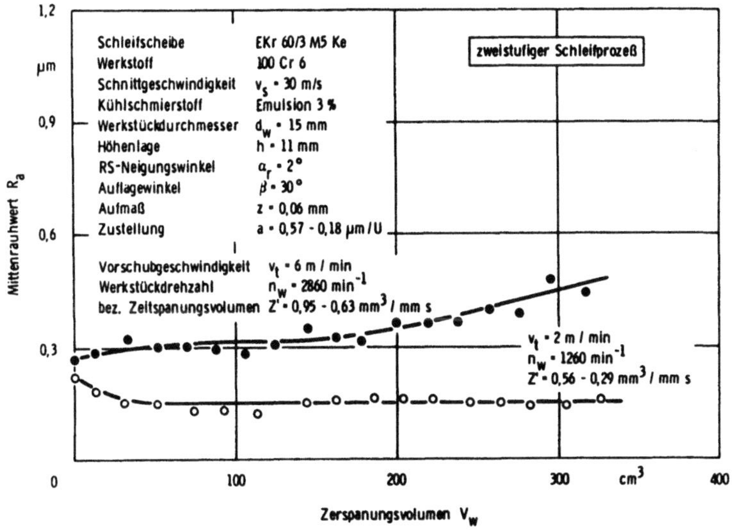

Bild 67: Verschlechterung des Mittenrauhwertes mit zunehmender Scheibenbelastung (Z'_o) (Fertigschliff, $\alpha_r = 2°$)

Im Gegensatz zum Verlauf der Kreisformabweichung (Bild 64) ergibt sich bei Z' = 0,95 - 0,63 mm^3/mms bereits ab $V_w \approx 200\ cm^3$ eine kontinuierliche Zunahme des R_a-Wertes, was auf die nicht mehr vorhandene Ausfunkzone hinweist.

Die Ergebnisse für den Vorschliff enthält Bild 68. Während die Verschlechterung der Kreisform (Bild 65) schlagartig eintritt, ist dies beim Mittenrauhwert nicht der Fall. Hier liegt ein kontinuierlicher Übergang vor, dem dann allerdings rasch ein steiler Anstieg der Oberflächenrauheit folgt. Die Kurven in diesem Bild ordnen sich ebenfalls wieder entsprechend der Z'-Wertebereiche (bzw. Vorschubgeschwindigkeiten) zueinander.

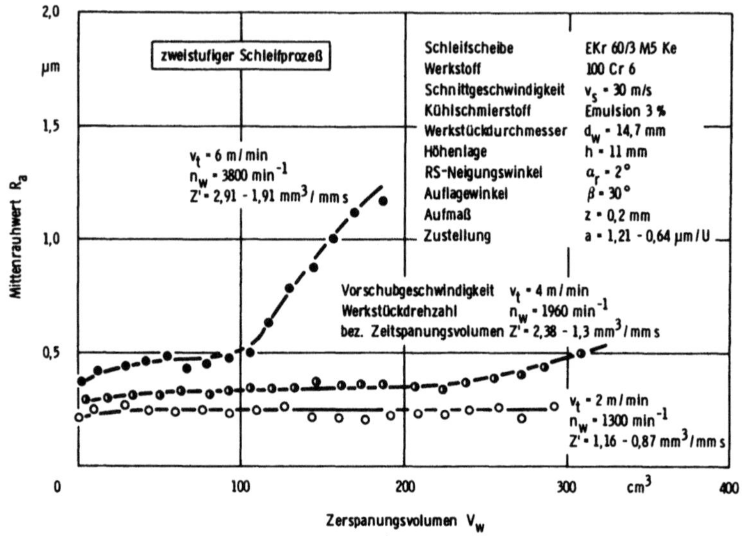

Bild 68: Verschlechterung des Mittenrauhwertes mit zunehmender Scheibenbelastung (Z') und Werkstoffzerspanung (Vorschliff, $\alpha_r = 2^o$)

Zum Abschluß sei folgendes angemerkt: Die oben beispielhaft dargestellten und beschriebenen Zusammenhänge zwischen Kreisformabweichung bzw. Mittenrauhwert und dem zerspanten Werkstoffvolumen sind auf alle übrigen zweistufigen Schleifversuche übertragbar. Das bedeutet,

- bei $\alpha_r = 4^o$ wird für vergleichbare Z' -Werte stets die schlechtere Qualität erzielt.
- in Abhängigkeit vom bez. Zeitspanungsvolumen geht die Ausfunkzone früher oder später in die Schleifzone über. Gleichzeitig nimmt auch die Werkstückqualität, für die bis zu diesem Zeitpunkt gilt $f_k < 1$ μm und $R_a < 0,4$ μm, z. T. sprunghaft ab.

6. Entwicklung eines Rechenprogramms zur Ermittlung des Verschleißes und zeitlichen Änderung des Scheibenprofils

6.1 Herleitung eines Verschleißmodells

Der stufenartige Verschleißfortschritt beim Außenrund-Umfangs-Längsschleifen kann, wie bereits in Kapitel 3.5 näher erläutert, auf das spitzenlose Durchlaufschleifen übertragen werden, wobei die Annäherung der abgerichteten Schleifscheibenkontur durch ein Stufenprofil (Bild 69, oben) erfolgt. Die Breite der Stufen entspricht dabei dem Werkstückvorschub s

$$s = \pi d_w \tan \alpha_r, \tag{24}$$

der gleichzeitig auch die Anzahl der Stufen i_{sj} pro Scheibenbereich b_{sj} (Einlauf-, Schleif- und Ausfunkzone) bestimmt.

$$i_{sj} = \left[\frac{b_{sj}}{s} + 0,5 \right] \tag{25}$$

Das Aufmaß der Stufe z^*_{0i} (entspricht der Stufenhöhe) berechnet sich folgendermaßen:

$$z^*_{0i} = \frac{z_j}{i_{sj}} = 2\,a_j \tag{26}$$

mit

$$z_j = 2\,a_j\,i_{sj} \tag{27a}$$

da gilt

$$z = 2aU \tag{27b}$$

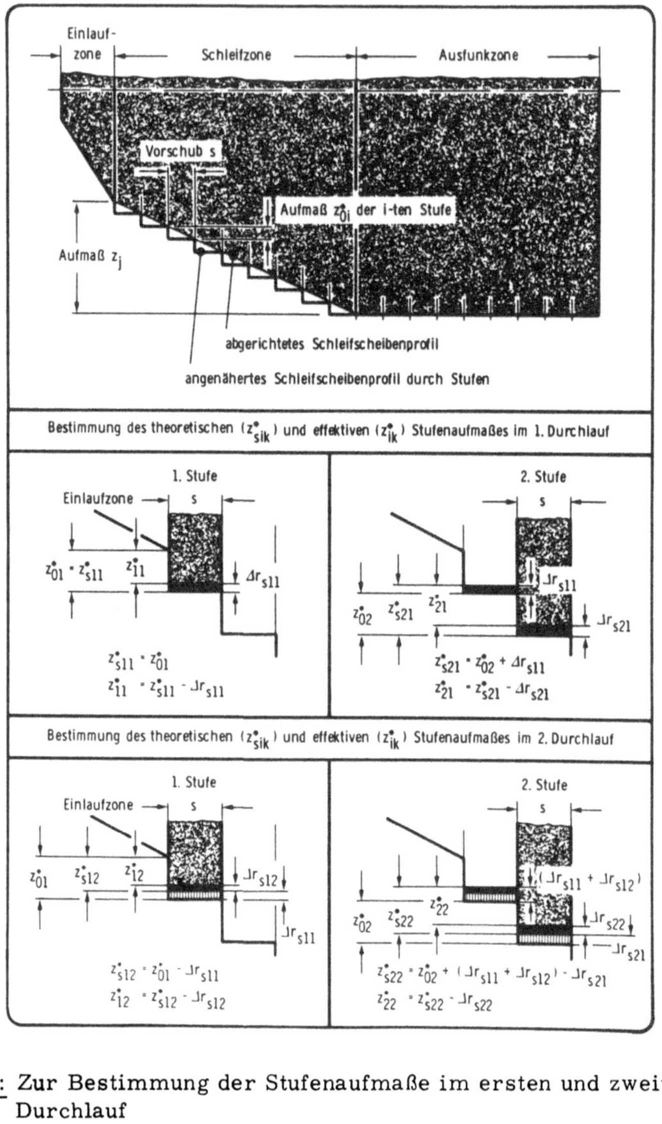

Bild 69: Zur Bestimmung der Stufenaufmaße im ersten und zweiten Durchlauf

Neben der Aufteilung der Schleifscheibenbereiche in Stufen findet ebenfalls eine Zerlegung der Werkstücke (Anzahl m) mit der Bearbeitungslänge l in imaginäre Werkstücke mit der Bearbeitungslänge des Vorschubs s statt. Damit ergibt sich die Anzahl der Berechnungsdurchgänge k des simulierten Schleifprozesses zu

$$k = \frac{m \cdot l}{s} \tag{28}$$

Zur Verschleißermittlung in jeder einzelnen Stufe erfolgt zunächst eine Definition bzw. Herleitung der verschiedenen Stufenaufmaße. Dazu gibt Bild 69, mitte/unten, die Zusammenhänge wieder, die zwischen Radialverschleiß und Aufmaß für die Schleifscheibenstufen 1 und 2 bei den ersten beiden Durchläufen vorliegen.

Das <u>stufenbedingte Aufmaß</u> z^*_{0i} wird durch die eingestellte Schleifspaltgestalt bestimmt. Es ist innerhalb eines Schleifscheibenbereiches b_{sj} konstant und berechnet sich aus dem jeweils abzutragenden Aufmaß z_j und der Stufenzahl i_{sj}.

$$z^*_{0i} = \frac{z_j}{i_{sj}} \tag{26}$$

Für die Ausfunkzone gilt

$$z^*_{0i} = z_a = 0. \tag{29}$$

Bereits die erste Stufe im ersten Durchlauf ist nicht in der Lage, das gesamte Aufmaß z^*_{01} zu zerspanen. Der radiale Verschleiß dieses Schleifscheibenabschnittes läßt nämlich nur ein <u>effektives Aufmaß</u> z^*_{11} in der Höhe

$$z^*_{11} = z^*_{s11} - \Delta r_{s11} \tag{30a}$$

mit

$$z^*_{s11} = z^*_{01} \tag{30b}$$

zu.

Das infolge der verminderten Schnittiefe nicht zerspante Werkstoffrestvolumen muß die nachfolgende zweite Stufe übernehmen (Bild 69, mitte/rechts). Dem konstanten Aufmaß z^*_{02} wird also der Betrag Δr_{s11} zugeschlagen, so daß sich das <u>theoretische Aufmaß z^*_{s21}</u>-zu

$$z^*_{s21} = z^*_{02} + \Delta r_{s11} \tag{31}$$

bestimmt. Da auch hier wieder ein Stufenverschleiß Δr_{s21} aufgrund des Materialabtrags auftritt, folgt für das effektive Aufmaß z^*_{21}.

$$z^*_{21} = z^*_{s21} - \Delta r_{s21} \tag{32}$$

In Analogie ergeben sich für alle weiteren Stufen innerhalb der (verschiedenen) Schleifzone(n) die entsprechenden Aufmaße. Den Abschnitten der Ausfunkzone kommt dagegen die Aufgabe zu, das von den vorhergehenden Stufen angesammelte, nicht zerspante Werkstückaufmaß abzutragen, das dem Radialverschleiß des letzten Schleifzonenabschnittes entspricht.

Die erste Stufe der Ausfunkzone i_{sa} wird also vom theoretischen Aufmaß

$$z^*_{s\,a1} = \Delta r_{s(a-1)1} \tag{33}$$

belastet, das wiederum einen Verschleiß $\Delta r_{s\,a1}$ hervorruft, mit dem sich das effektive Aufmaß zu

$$z^*_{a1} = z^*_{s\,a1} - \Delta r_{s\,a1} \tag{34}$$

bestimmt.

Da der entstehende Radialverschleiß eines Abschnittes der Ausfunkzone während des ersten Durchganges jeweils mit dem theoretischen Aufmaß der nachfolgenden Stufe übereinstimmt, gilt für die zweite Ausfunkzonenstufe

$$z^*_{s(a+1)1} = \Delta r_{s\,a1} \tag{35}$$

In einem der weiteren Bereiche ist schließlich der Betrag des theoretischen Aufmaßes soweit verkleinert, daß er ohne erneuten Radialverschleiß abgetragen werden kann. Alle nachfolgenden Stufen leisten demzufolge keine Zerspanarbeit mehr, verschleißen also auch nicht.

Damit ist das erste imaginäre Werkstück der Bearbeitungslänge s geschliffen. Im zweiten Durchlauf weist die Schleifscheibe bis auf die letzten Ausfunkzonenbereiche kein abgerichtetes Profil mehr auf. Zur Berechnung des effektiven Stufenaufmaßes ist deshalb das tatsächliche Profil in Form des Radialverschleißes der einzelnen Stufen aus dem ersten Durchgang zu berücksichtigen. Für die erste Stufe folgt (Bild 69, unten/links)

$$z^*_{s12} = z^*_{01} - \Delta r_{s11} \tag{36}$$

und

$$z^*_{12} = z^*_{s12} - \Delta r_{s12} \tag{37}$$

Das theoretische Aufmaß des zweiten Abschnittes ergibt sich aus der Addition des stufenbedingten Aufmaßes z^*_{02} und der Differenz der Radialverschleißsummen aus vorangegangener und aktueller Stufe.

$$z^*_{s22} = z^*_{02} + (\Delta r_{s11} + \Delta r_{s12}) - \Delta r_{s21} \tag{38}$$

Die Schnittiefe bestimmt sich wie üblich aus z^*_{s22} und dem dadurch entstehenden Radialverschleiß für die zweite Stufe

$$z^*_{22} = z^*_{s22} - \Delta r_{s22} \tag{39}$$

In allgemeiner Form sind die oben beschriebenen Zusammenhänge für die i-te Stufe im k-ten Durchlauf in Bild 70 noch einmal zusammengefaßt.

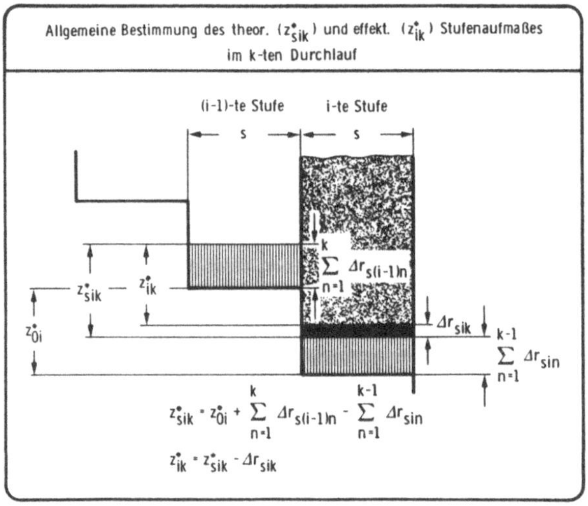

Bild 70: Zur allgemeinen Bestimmung der unterschiedlichen Stufenaufmaße
(i-te Stufe, k-ter Durchlauf)

Es gilt für das theoretische Aufmaß

$$z^*_{sik} = z^*_{0i} + \sum_{n=1}^{k} \Delta r_{s(i-1)n} - \sum_{n=1}^{k-1} \Delta r_{s\,in} \qquad (40)$$

und das effektive

$$z^*_{ik} = z^*_{sik} - \Delta r_{sik} \qquad (41)$$

Die Gültigkeit der Gleichungen ist bei Beachtung der Randbedingung (Gl. (29))

$$z^*_{0i} = z_a = 0 \qquad (29)$$

auch im Bereich der Ausfunkzone sichergestellt.

Alle in den Gleichungen (40/41) aufgeführten Größen, mit der Ausnahme des Radialverschleißes Δr_{sik} können anhand der Eingangs- und Stellgrößen berechnet werden. Das bedeutet, für die Ermittlung des Radialverschleißes und der sich hieraus ergebenden Radialverschleißsummen ist ein Funktionsansatz zu entwickeln, der die Berechnung von Δr_{sik} - in Abhängigkeit der Prozeßgrößen - erlaubt.

6.2 Herleitung eines Funktionsansatzes für die Verschleißberechnung

Ausgangspunkt für eine funktionale Beschreibung von Δr_{sik} sind die Kurvenverläufe des Schleifscheibenverschleißvolumens V_s über dem zerspanten Werkstoffvolumen V_w (Bild 45 - einstufiger Prozeß; Bild 57, 58 - zweistufiger Prozeß).

Dazu wird ein allgemeingültiger Funktionsansatz in der Form

$$V_s = f\,(V_w) \tag{42}$$

gesucht, mit dem sich der zu jedem beliebigen Zeitpunkt vorliegende Verschleiß berechnen läßt.

Zur Bestimmung des Radialverschleißes muß die in Gleichung (42) allgemein beschriebene Funktion partiell nach V_w abgeleitet werden,

$$\frac{\delta V_s}{\delta V_w} = f'\,(V_w) = \frac{1}{G^*} \tag{43a}$$

so daß man den Reziprokwert des momentanen Abtragsverhältnisses erhält. Damit ist nun einerseits die Berechnung des Verschleißvolumenstroms Q'_s bzw. Q'_{sk} in jeder Stufe möglich

$$Q'_s = \frac{Z'}{G^*} \tag{21}$$

$$Q'_{sik} = \frac{Z'_{ik}}{G^*} \tag{44}$$

mit $$a = \frac{1}{2}\, z^*_{ik} \tag{26}$$

und $$Z'_{ik} = \frac{1}{2}\, z^*_{ik}\, v_w \tag{45}$$

andererseits läßt sich mit Hilfe von G^* auch der jeweilige Radialverschleiß Δr_{sik} ermitteln, wie den nachfolgend aufgeführten Gleichungen zu entnehmen ist. Allerdings muß dabei folgende Einschränkung gemacht werden, nämlich daß nur kleine Änderungen des Verschleiß- und Zerspanungsvolumens zugelassen sind. Diese Einschränkung wird jedoch innerhalb jeder einzelnen Schleifscheibenstufe in jedem Fall erfüllt. Über die Beziehung

$$\frac{\delta V_s}{\delta V_w} = \frac{1}{G^*} \approx \frac{\Delta V_{sik}}{\Delta V_{wik}} \tag{43b}$$

mit $$\Delta V_{sik} = \pi \, d_s \;\; \Delta r_{sik} \; s \tag{46}$$

und $$\Delta V_{wik} = \frac{\pi}{2} d_w \; z^*_{ik} \; s \tag{47}$$

ergibt sich $$\Delta r_{sik} = \frac{1}{2} \frac{d_w}{d_s} \; z^*_{ik} \frac{1}{G^*} \tag{48}$$

Bei der Aufstellung des Funktionsansatzes nach Gl. (42) müssen einige Randbedingungen beachtet werden.

- Zu Beginn des Prozesses liegt kein Verschleiß vor, das bedeutet

$$V_s \; (V_w = 0) = 0 \tag{49}$$

- Während des Prozeßverlaufes stellt sich ein "Gleichgewichtszustand" zwischen zerspantem Werkstoffvolumen und Schleifscheibenverschleißvolumen ein. Für die Steigung der Kurve gilt demzufolge

$$\left(\frac{\delta V_s}{\delta V_w}\right)_{V_w \to \infty} = c_2 \tag{50}$$

- Diesem konstanten Kurvenanstieg muß zu Prozeßbeginn (kleine V_w-Werte) ein degressiver Anstieg überlagert werden, dessen Wert mit steigendem Zerspanungsvolumen auf "Null" abfällt.

Diesen Randbedingungen genügt ein Ansatz entsprechend Gl. (51), der aus einem logarithmischen Term plus einer Geradengleichung besteht.

$$V_s = c_1 \ln (1+V_w) + c_2 \, V_w \tag{51}$$

Die Ermittlung der Konstanten c_1 und c_2 erfolgt nun mittels Regression, wozu ein Optimierungsprogramm /26/ der Programmbibliothek der Rechenanlage Cyber 175 der RWTH Aachen zur Verfügung stand. Das Programm berechnet nach der Methode der kleinsten Fehlerquadratsumme die günstigsten Werte für Konstanten einer vorgegebenen Gleichung.

In einem ersten Schritt wird jede einzelne Versuchsreihe der ein- und zweistufigen Prozeßführung allein regressiert, so daß man die jeweils optimalen Werte für die Konstanten c_1 und c_2 erhält. Da der Verschleißfortschritt allein von der Größe des bez. Zeitspanungsvolumens abhängt, gilt

$$c_1 = f\,(Z'_0) \tag{52a}$$

und

$$c_2 = f\,(\bar{\bar{Z}}'). \tag{52b}$$

Da c_1 nur im logarithmischen Term der Gl. (51) auftritt, der den Anfangsverschleiß bestimmt, muß diese Konstante auch in Beziehung zu der zu Beginn vorliegenden Belastungshöhe Z'_0 gesetzt werden. Das Bild 71 gibt den entsprechenden Zusammenhang wieder. Aufgrund der Verteilung der Punkte kann zur Bestimmung von c_1 in Abhängigkeit von Z'_0 ein linearer Ansatz in der Form

$$c_1 = c_3\, Z'_0 \tag{53a}$$

gewählt werden.

Dagegen bestimmt die Konstante c_2 den "Gleichgewichtszustand" zwischen V_s und V_w bei großen Zerspanungsvolumina (vgl. Gl. (50)), wodurch hier nicht das Anfangszeitspanungsvolumen zum Tragen kommt, sondern eine gemittelte Belastungshöhe $\bar{Z}'$

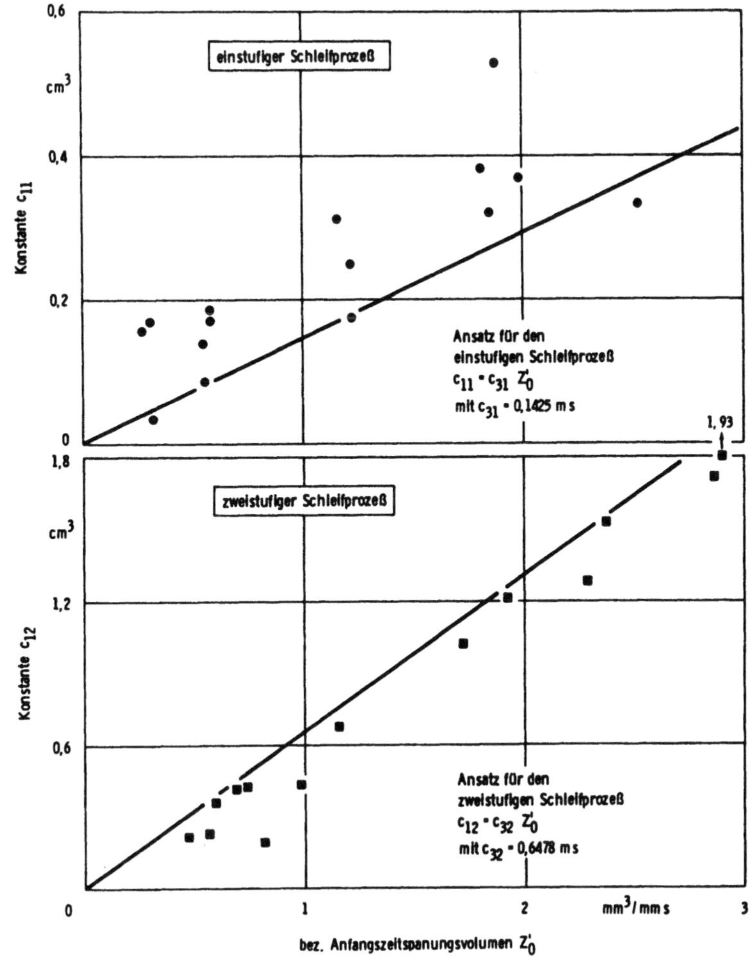

Bild 71: Zur Herleitung des Funktionsansatzes (Konstante c_1)

$$\bar{Z}' = \frac{1}{2}(Z'_0 + Z'_e) \qquad (54)$$

mit Z'_e als bez. Zeitspanungsvolumen zu Prozeßende.

Die Annäherung der Prozeßbeschreibung durch diesen Wert ist dabei ausreichend genau, da bei der zweistufigen Prozeßführung spätestens zu dem Zeitpunkt wo Z'_e erreicht wird (identisch mit dem Zeitpunkt $b_{sa} = 0$), der Prozeß unterbrochen und neu abgerichtet werden muß, um ein gleichbleibendes Arbeitsergebnis zu gewährleisten. Für die einstufige Prozeßführung gilt

$$Z'_e = Z'_0 = \bar{Z}' \qquad (55)$$

Trägt man die mittels Regression berechneten c_2-Werte über $\bar{Z}'$ auf (Bild 72), so kann auch hier wieder ein linearer Zusammenhang ange-

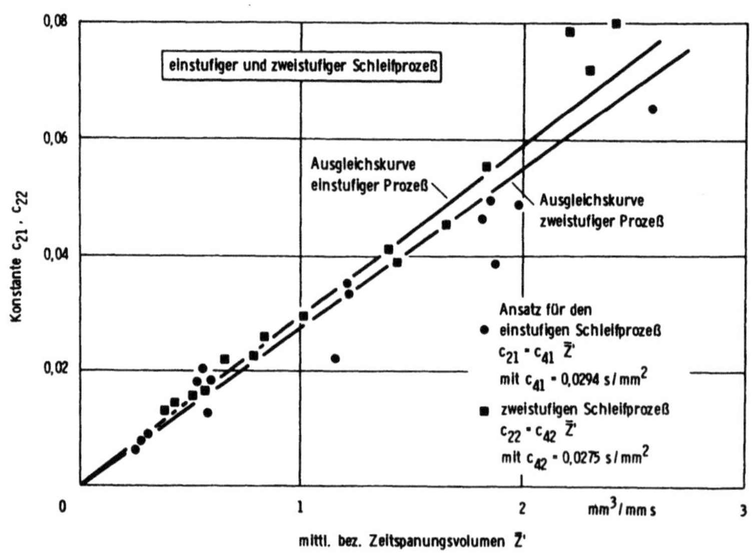

Bild 72: Zur Herleitung des Funktionsansatzes (Konstante c_2)

nommen werden

$$c_2 = c_4 \bar{Z}' \qquad (53b)$$

Durch Einsetzen der Gl. (53a, b) in (51) ergibt sich nun folgender Funktionsansatz zur Berechnung des Verschleißvolumens

$$V_s = c_3 Z'_0 \ln (1+V_w) + c_4 \bar{Z}' V_w \qquad (56)$$

Eine Gesamtregression aller ein- bzw. zweistufiger Versuchsreihen durch das o. g. Optimierungsprogramm bestimmt die endgültigen Konstanten

- für den einstufigen Prozeß zu

$c_{31} = 0,1425$ ms und $c_{41} = 0,0294$ s/mm^2

- und für den zweistufigen Prozeß zu

$c_{32} = 0,6478$ ms und $c_{42} = 0,0275$ s/mm^2.

Als Maß für die Güte der Anpassung, die eine Regression erzielt, dient das Bestimmtheitsmaß B, das sich nach Gl. (57) berechnet. Erhält man bei der Berechnung Werte größer 0,9, so ist eine gute Annäherung erreicht.

$$B = 1 - \frac{\Sigma (Y_i - \hat{Y}_i)^2}{\Sigma (Y_i - \bar{Y})^2} \qquad (57)$$

mit Y_i - gemessene Werte
$\hat{Y}_i$ - berechnete Werte
$\bar{Y}$ - Mittelwert der Y_i-Werte

Das Bestimmtheitsmaß für die einstufige Prozeßführung liegt bei $B_1 = 0,936$ und für den zweistufigen Prozeß bei $B_2 = 0,98$.

Die partielle Ableitung der Gleichung (56) nach V_w ergibt nun

$$\frac{\delta V_s}{\delta V_w} = \frac{1}{G^*} = \frac{c_3 Z'_0}{1 + V_w} + c_4 \bar{\bar{Z}}' \qquad (58)$$

womit der letzte unbekannte Faktor in Gl. (48) festgelegt ist, so daß sich die Bestimmungsgleichung für den Radialverschleiß wie folgt ermittelt

$$\Delta r_{sik} = \frac{1}{2} \frac{d_w}{d_s} z^*_{ik} \left[\frac{c_3 Z'_0}{1 + V_w} + c_4 \bar{\bar{Z}}' \right] \qquad (59)$$

Alle in dieser Formel aufgeführten Größen sind innerhalb einer Stufe i bekannt oder lassen sich aufgrund der vorherigen Stufe (i-1) bzw. des vorherigen Durchganges (k-1) berechnen.

6.3 Kopplung von Modell und Funktionsansatz

Bevor die in der Überschrift genannte Kopplung vorgenommen werden kann, muß zunächst eine vollständige Auflösung der Gl. (59) erfolgen.

Setzt man

$$z^*_{ik} = z^*_{sik} - \Delta r_{sik} \qquad (41)$$

und

$$Z'_0 = \bar{\bar{Z}}' = \frac{1}{2} v_w (z^*_{sik} - \Delta r_{sik}) \qquad (60)$$

in (59) ein, so ergibt sich

$$\Delta r_{sik} = \frac{d_w v_w}{4 d_s} \left(\frac{c_3}{1+V_w} + c_4 \right) (z^*_{sik} - \Delta r_{sik})^2 \qquad (61)$$

Durch entsprechendes Umformen läßt sich dann eine quadratische Gleichung für Δr_{sik} aufstellen.

$$\Delta r_{sik}^2 - \Delta r_{sik} c_5 + c_6 = 0 \tag{62}$$

mit $$c_5 = 2 z^*_{sik} + \frac{4 d_s (1+V_w)}{d_w v_w (c_3+c_4 (1+V_w))} \tag{63}$$

und $$c_6 = z^{*2}_{sik} \tag{64}$$

Damit berechnet sich der Radialverschleiß jeder Stufe zu

$$\Delta r_{sik} = \frac{1}{2} c_5 - \sqrt{\frac{1}{4} c_5^2 - c_6} \tag{65}$$

Für die Simulationsrechnung sind aber noch weitere Größen auf das Modell zu übertragen. So gilt

$$d_s = d_{sik} = d_{s0} - \sum_{n=1}^{k-1} \Delta r_{sin} \tag{66}$$

$$d_w = d_{wik} = d_{w0} - \sum_{n=1}^{i-1} z^*_{nk} \tag{67}$$

und

$$V_w = V_{wik} = \frac{\pi}{2} \sum_{n=1}^{k-1} d_{win} z^*_{in} b_{seff(k-1)} \tag{68}$$

Anhand der Gleichungen (63) bis (68) sowie (40) und (41) kann jetzt der Berechnungsalgorithmus zur Verschleißbestimmung aufgestellt und programmiert werden. Gleichzeitig erfolgt damit auch die Kopplung von Funktionsansatz und Stufenmodell.

Der Programmablauf läßt sich, wie aus der Programmstruktur (Bild 73) ersichtlich, in drei Abschnitte - Eingabe, Berechnung sowie Ergebnisaufbereitung und -ausgabe - unterteilen.

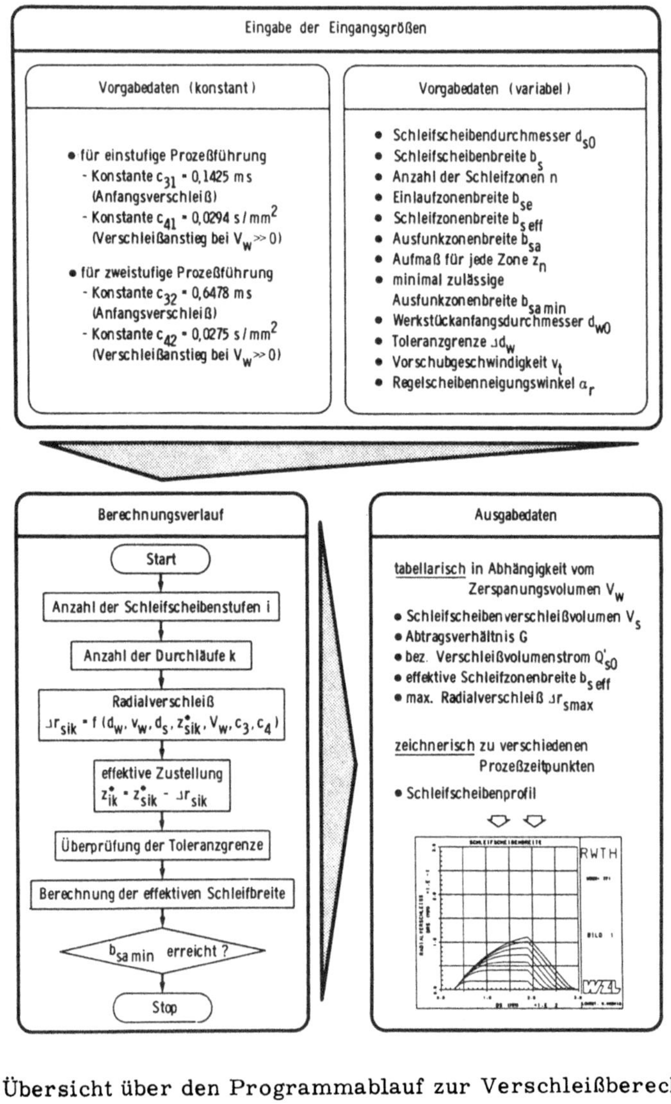

Bild 73: Übersicht über den Programmablauf zur Verschleißberechnung

Zunächst werden die erforderlichen Daten eingelesen und für den weiteren Berechnungsgang entsprechend aufbereitet.

Das Hauptprogramm ermittelt dann für jeden Durchlauf k eines imaginären Werkstücks der Bearbeitungslänge s in jeder Schleifscheibenstufe i den Scheibenverschleiß Δr_{sik} und die effektive Werkstückdurchmesseränderung z^*_{ik}. Am Ende eines Durchlaufs steht die Überprüfung, ob die vorgegebene Toleranzgrenze für den Werkstückdurchmesser eingehalten wurde. Ist dies der Fall, so berechnet das Programm diejenige Breite der Ausfunkzone, die der effektiven Schleifbreite hinzuzuaddieren ist. Andernfalls besteht die Möglichkeit, die geforderte Toleranz im nächsten Durchlauf durch Zustellung über der gesamten Scheibenbreite b_s zu erreichen.

Sollte eine Zustellung nicht erwünscht sein oder überschreitet b_{seff} die maximal zulässige Breite

$$b_{seff\,max} > b_{seff} + (b_{sa} - b_{sa\,min}) \tag{69}$$

so wird die Rechnung abgebrochen und mit der Ergebnisausgabe das Programm beendet.

Liegen dagegen

- maßhaltige Werkstücke oder
- eine ausreichende Ausfunkzonenbreite vor und/oder
- erfolgt die Zustellung,

setzt das Programm die Berechnung des nächsten Rechendurchlaufs mit der bis dahin ermittelten aktuellen effektiven Schleifzonenbreite fort.

6.4 Überprüfung der Ergebnisse des Rechenprogramms

Ob mit dem in den vorangegangenen Kapiteln entwickelten Stufenmodell eine quantitativ und im Fall des zweistufigen Prozesses auch qualitativ ausreichend genaue Beschreibung der Verschleißentwicklung möglich ist, mußte durch eine entsprechende Überprüfung festgestellt und bewiesen werden.

Dazu erfolgte zunächst für die einstufige Prozeßführung ein Vergleich zwischen den mittels Verschleißmodell berechneten Daten und den praktischen Versuchsergebnissen. In Bild 74 ist dieser Vergleich dargestellt, der die gute Übereinstimmung von Rechnung und realem Verschleißfortschritt dokumentiert. Dadurch, daß das bereits o. e. Regressionsprogramm /26/ die optimalen Ausgleichskonstanten bestimmt, kommt es zu einer das tatsächliche Verschleißvolumen leicht unterschätzenden Berechnung im Bereich geringer Z' -Werte ($Z' < 0,8$ mm^3/mms), während für bez. Zeitspanungsvolumina mit $Z' > 1,6$ mm^3/mms der Verschleiß vom Modell überschätzt wird, wie auch dem Bild 74 zu entnehmen ist. Dagegen liegt im mittleren Z' -Bereich eine mit der Praxis weitgehend identische Verschleißzunahme vor. Entsprechendes ergibt sich für das Abtragsverhältnis und den bez. Verschleißvolumenstrom, die deshalb in diesem Zusammenhang nicht weiter beschrieben sind. Vervollständigt wird die Überprüfung des einstufigen spitzenlosen Schleifprozesses durch die Darstellung der zeitlichen Änderung des Schleifscheibenprofils (Bild 75). Für zwei Beispiele ist hier der Radialverschleiß Δr_s über der Schleifscheibenbreite b_s zu verschiedenen Prozeßzeitpunkten bzw. nach der Zerspanung unterschiedlicher Werkstoffvolumina aufgetragen. Man erkennt, wie bereits bei den praktischen Untersuchungen (Bild 31), das in Werkstückdurchlaufrichtung wandernde Verschleißmaximum. Der leichte Abfall der Schleifscheibenkontur nach dem steilen Anstieg des Radialverschleißes zu Be-

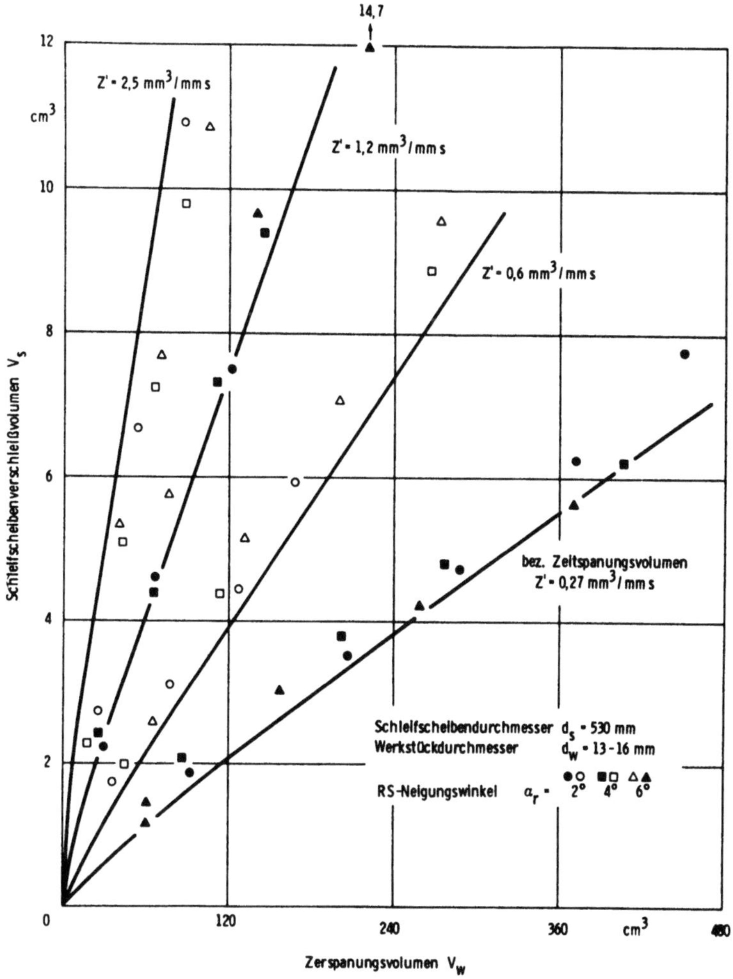

Bild 74: Vergleich der Funktions- und Meßwerte zur Verschleißberechnung beim einstufigen Schleifprozeß

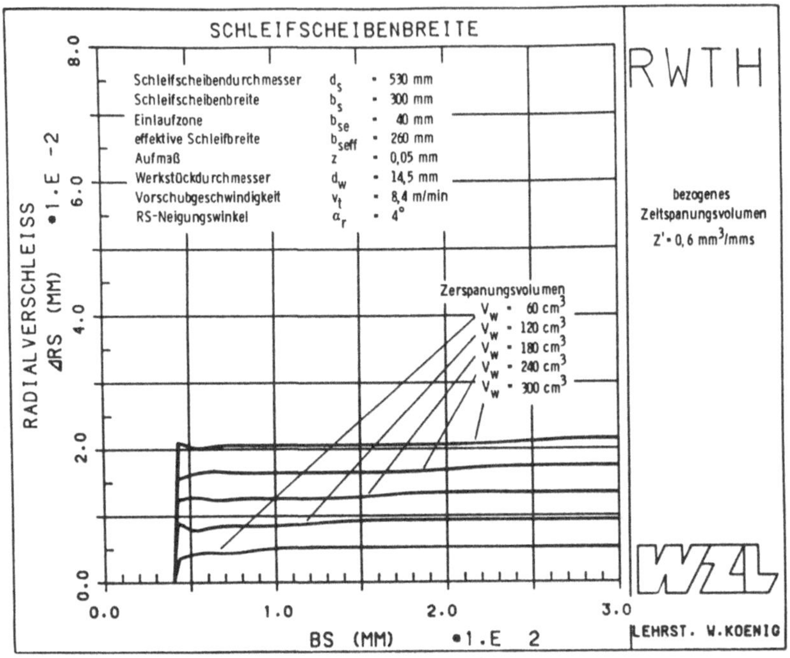

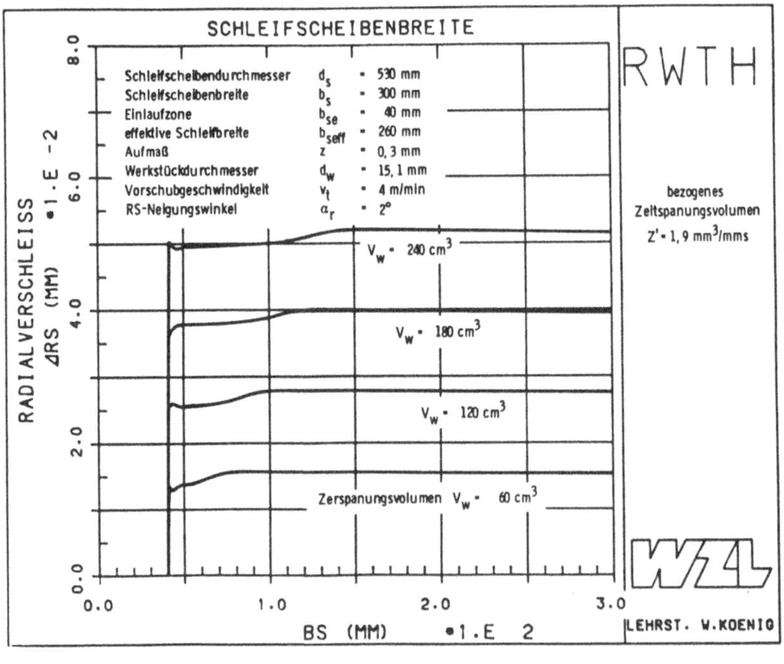

Bild 75: Berechnete zeitliche Änderung der Schleifscheibenkontur (einstufiger Schleifprozeß)

ginn der effektiven Schleifbreite läßt sich auf die zu diesem Zeitpunkt oder kurz zuvor erfolgte Maßkompensation zurückführen, mit der die Maßhaltigkeit der Werkstücke innerhalb einer vorgegebenen Toleranzgrenze von $\Delta d_w = -1\ \mu m$ gewährleistet wird.

Den Vergleich zwischen Rechenergebnissen und Meßwerten für die zweistufige Prozeßführung enthalten die Bilder 76 ($\alpha_r = 2^o$) und 77

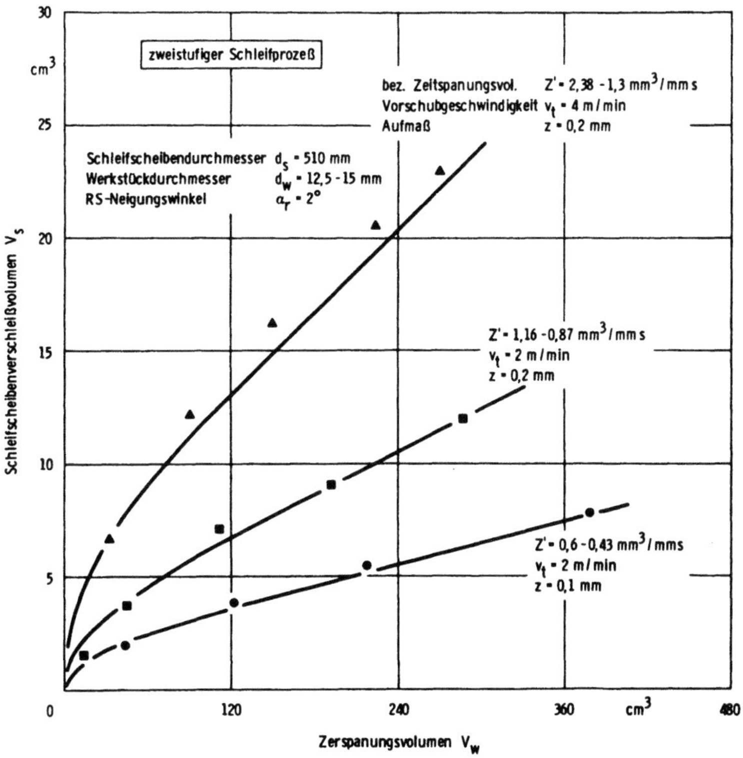

Bild 76: Vergleich der Funktions- und Meßwerte zur Verschleißberechnung beim zweistufigen Prozeß ($\alpha_r = 2^o$)

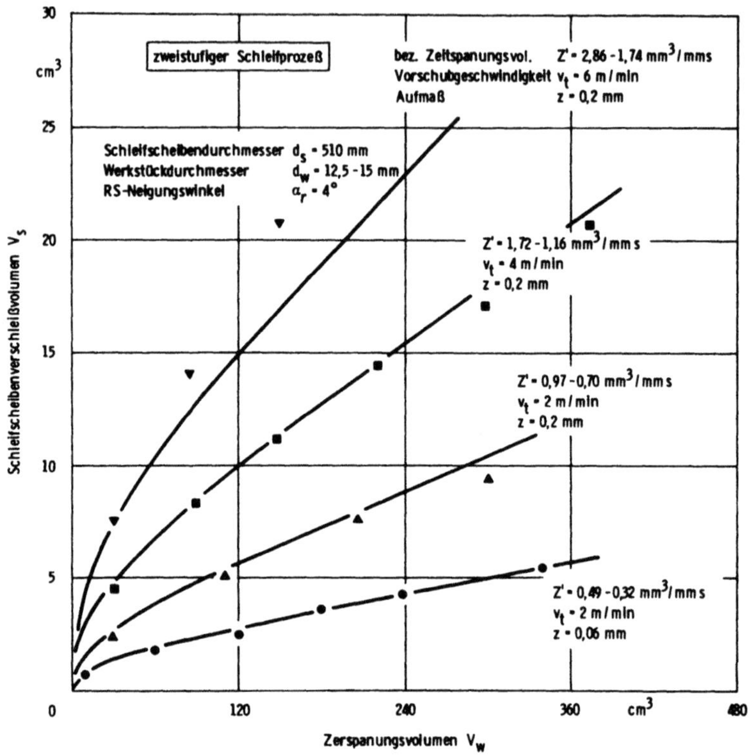

Bild 77: Vergleich der Funktions- und Meßwerte zur Verschleißberechnung beim zweistufigen Prozeß (α_r = 4°)

(α_r = 4°). Dargestellt ist auch hier wieder die Änderung des Schleifscheibenverschleißvolumens V_s über dem Werkstoffabtrag V_w. Bis auf den Verschleiß bei großen Z' -Werten, der ähnlich wie beim einstufigen Schleifprozeß vom Modell unterschätzt wird, liegt bei den übrigen Belastungshöhen ein mit der Praxis identischer Verschleißfortschritt vor.

Wesentlicher ist in diesem Zusammenhang jedoch die Zunahme der effektiven Schleifbreite mit der Schleifzeit bzw. dem Zerspanungsvolumen. In Bild 78 sind dazu für das Fertigschleifaufmaß z = 0, 06 mm

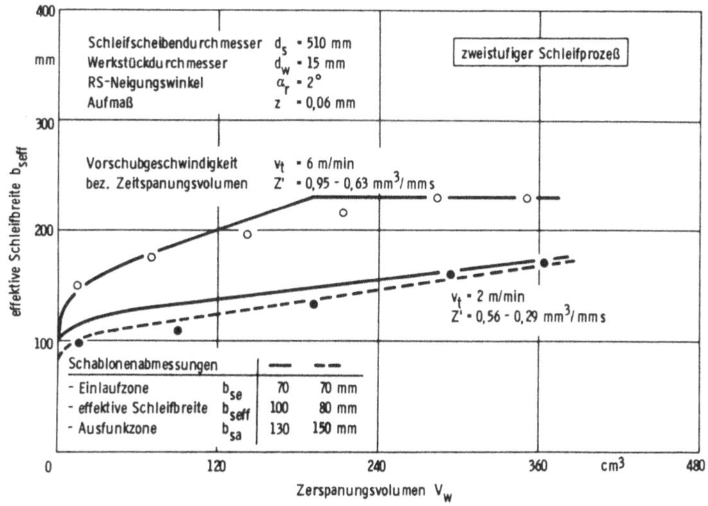

Bild 78: Vergleich der Funktions- und Meßwerte bei der Berechnung der effektiven Schleifbreite (Fertigschliff z = 0, 06 mm)

und zwei verschiedene Vorschubgeschwindigkeiten die Unterschiede zwischen Meß- und Modellwerten aufgezeichnet. Die Grundlage der Rechnung bilden die Schablonenabmessungen der entsprechenden Schleifversuche (durchgezogene Linien). Während damit für v_t = 6 m/min ein zufriedenstellendes Rechenergebnis ermittelt wurde, liegt bei der geringen Vorschubgeschwindigkeit die berechnete b_{seff}-Kurve wesentlich höher. Durch eine zweite Rechnung mit einer Anfangsschleifbreite von b_{seff} = 80 mm (gestrichelte Linie) erhält man dagegen eine gute Verbindung der einzelnen Meßpunkte. Daher ist zu vermuten, daß die reale Schleifspalteinstellung nicht der vorgegebenen Schablone entsprach, sondern eine zu Prozeßanfang kürzere Schleifbreite vorlag. Die Meßpunkte selbst (vgl. auch Bild 54) bestätigen diese Annahme.

Bild 79 zeigt die Resultate für die Änderung von b_{seff} beim Aufmaß von $z = 0,2$ mm. Während Modell- und Meßergebnis bei $v_t = 2$ m/min über-

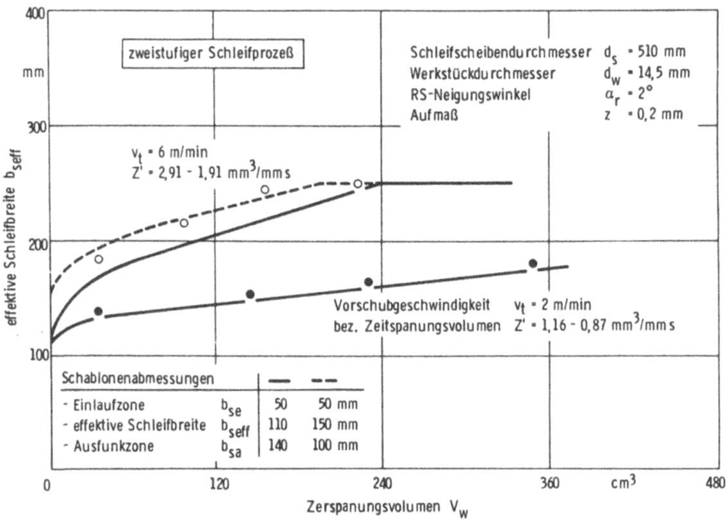

Bild 79: Vergleich der Funktions- und Meßwerte bei der Berechnung der effektiven Schleifbreite (Vorschliff z = 0, 2 mm)

einstimmen, verläuft der berechnete Kurvenverlauf für die Vorschubgeschwindigkeit $v_t = 6$ m/min erheblich unterhalb der im Versuch ermittelten Daten. Eine weitere Rechnung mit einer Anfangsschleifbreite von $b_{seff} = 150$ mm (anstelle $b_{seff} = 110$ mm) ergibt eine vergleichbare Zunahme der Schleifbreite über der Schleifzeit. Entsprechend den Ausführungen zum vorangegangenen Bild 79, kann auch hier wieder von einer ungenauen Schleifspalteinstellung bei der Versuchsdurchführung ausgegangen werden.

Betrachtet man die Veränderung des Schleifscheibenprofils mit zunehmendem Zerspanungsvolumen (Bild 80), so lassen sich die gleichen Mechanismen erkennen, wie sie zum einen in Abschnitt 3.5 vorgestellt wurden und zum anderen auch durch die Versuche bestätigt wurden (Bild 53):

- Die Länge der Ausfunkzone nimmt ständig ab.
- Das Verschleißmaximum beim zweistufigen Prozeß verschiebt sich nicht in Durchlaufrichtung der Werkstücke, sondern befindet sich immer im Bereich des Übergangs von der Schleif- zur Ausfunkzone.

Ein geringer paralleler Radialverschleiß im Bereich der Ausfunkzone tritt nicht auf, da das Rechenprogramm keine Maschinennachgiebigkeiten berücksichtigt.

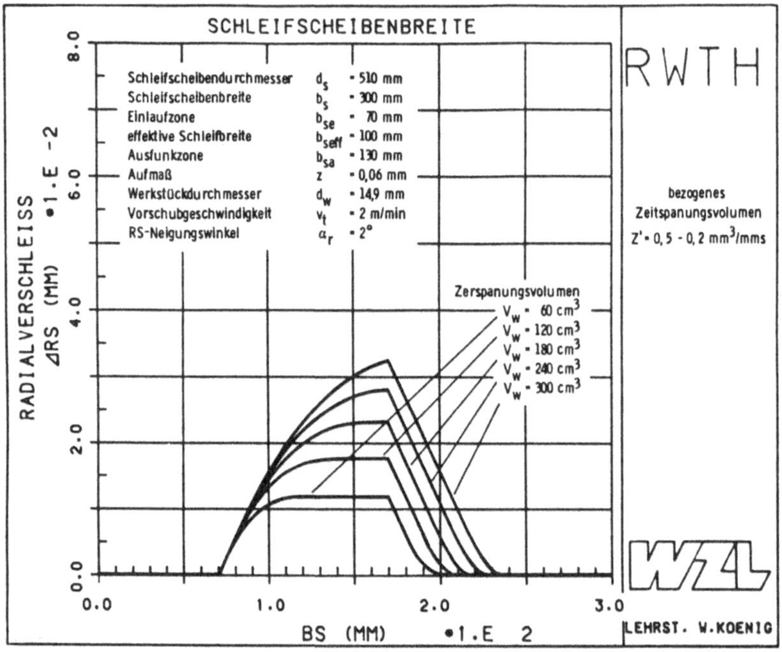

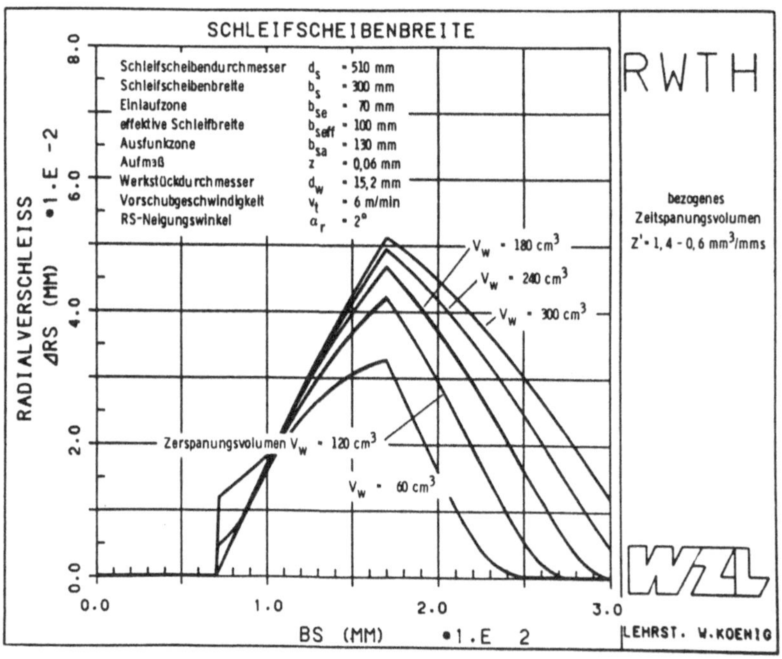

Bild 80: Berechnete zeitliche Änderung der Schleifscheibenkontur (zweistufiger Schleifprozeß)

7. Zusammenfassung

Die technologischen und wirtschaftlichen Vorzüge des Schleifens im spitzenlosen Durchlaufverfahren können in der industriellen Fertigung oftmals nicht voll genutzt werden, da die Prozeßtechnologie Eigenheiten besitzt, die empirisch nur schwer zu beherrschen sind. Dazu gehört auch das Verschleißverhalten der Schleifscheibe, dessen Kenntnis die Grundlage zu einer optimalen Prozeßführung bildet.

Ausgehend von den in vorangegangenen Untersuchungen /6, 7/ hergeleiteten Kenngrößen des Durchlaufschleifens, wurden zunächst die Verschleißmeß- und -kenngrößen definiert. Dabei stellte sich zum einen das momentane Abtragsverhältnis G^* und andererseits der bez. Verschleißvolumenstrom Q'_s als bestgeeignet heraus. Denn beide Größen sind im Gegensatz zu den normalerweise verwendeten, hinreichend entkoppelt von Randbedingungen, wie z. B. dem aktuellen Schleifscheibendurchmesser sowie der Schleifzeit.

Eine Literaturübersicht über Verschleißuntersuchungen beim spitzenlosen Durchlaufschleifen ergab nur wenige Anhaltspunkte, so daß auf Ergebnisse beim kinematisch vergleichbaren Außenrund-Umfang-Längsschleifen zwischen Spitzen zurückgegriffen werden mußte. Hier vorliegende Erkenntnisse ließen sich direkt auf das Durchlaufschleifen und den hierbei auftretenden Verschleißfortschritt bzw. die zeitliche Änderung des Schleifscheibenprofils übertragen.

Die Vor- und Randbedingungen für die nachfolgenden experimentellen Untersuchungen umfassen die Beschreibung

- der Schleifmaschine
- der Gestaltung und Auslegung des Schleifspaltes,
- der geometrischen Stabilität für die geplanten Versuche,

- der Abrichtbedingungen sowie
- der Verschleißmeßvorrichtung.

Dazu wurde im Rahmen dieser Arbeit ein neues Meßsystem entwickelt, da die übliche Vorgehensweise mittels Abbildmethode wegen Auswerteschwierigkeiten nicht eingeschlagen werden konnte. An die Abrichtpinole wird ein induktiver Meßtaster angebaut, über den es mit einer direkten, berührenden Messung (stehende Schleifscheibe) möglich ist, die jeweilige Scheibenkontur zu erfassen.

Die experimentellen Untersuchungen wurden in zwei Schritte unterteilt. Da ein mehrstufiger Schleifprozeß auch als eine Aneinanderreihung mehrerer einzelner Stufen anzusehen ist, lag es nahe, zur Vereinfachung der Versuchsdurchführung zunächst die Verschleißentwicklung bei einstufigen Schleifprozessen zu ermitteln. Dazu erfolgte bei einer weitreichenden Variation der Stell- und Kenngrößen die Erfassung der Profiländerung der Schleifscheibe sowie die Bestimmung des Verschleißes und des Arbeitsergebnisses in Abhängigkeit von der Belastungsdauer (Schleifzeit, Zerspanungsvolumen) und der Belastungshöhe (bez. Zeitspanungsvolumen).

Zur Prüfung der Übertragbarkeit der ermittelten und durch zahlreiche Versuchsreihen abgesicherten Erkenntnisse auf die mehrstufige Prozeßführung, wurden dann in einem zweiten Schritt, Verschleißuntersuchungen beim zweistufigen Schleifprozeß durchgeführt.

Als vergleichende Verschleißkenngröße wurde das momentane Abtragsverhältnis G^* gewählt, da es die Verschleißentwicklung unabhängig von der effektiven Schleifbreite b_{seff} zu jedem Prozeßzeitpunkt beschreibt. Es ergab sich, wie beim 1-stufigen Schleifprozeß, folgender Zusammenhang:

- Nach einem zu Prozeßbeginn hohen Schleifscheibenanfangsverschleiß (G^* steigt an) stellt sich bald ein "Gleichgewichtszustand" zwischen Zerspanungs- und Schleifscheibenverschleißvolumen ein (G^* konstant).
- Eine größere Scheibenbelastung (Z') führt zu einem Anstieg des Verschleißvolumenstromes (G^* sinkt).

Zur Beschreibung der Werkstückqualität wurden die Kreisformabweichung und der Mittenrauhwert herangezogen. Sobald die beim zweistufigen Prozeß als "Reserveschleifzone" dienende Ausfunkzone eine bestimmte Länge unterschritt, die für den Abbau von Unrundheiten und Rauheiten erforderlich ist, verschlechterte sich das Arbeitsergebnis rapide.

Für die Produktion ist dies der Zeitpunkt, zu dem spätestens die Bearbeitung unterbrochen und die Schleifscheibe neu abgerichtet werden muß. Um den experimentellen Aufwand zur Bestimmung dieses Zeitpunktes für die unterschiedlichsten Bearbeitungsbedingungen in Grenzen zu halten bzw. berechenbar zu machen, wurde ein Rechenprogramm zur Simulation des Verschleißverlaufs erstellt.

Entsprechend dem stufenartigen Verschleißfortschritt beim Außenrund-Umfang-Längsschleifen zwischen Spitzen, läßt sich auch die Schleifscheibe beim spitzenlosen Durchlaufschleifen in Stufen (Breite entspricht dem Werkstückvorschub; Höhe entspricht der Zustellung) unterteilen. Da innerhalb einer Stufe ein gleichmäßiger Radialverschleiß angesetzt wird, kann so die mathematische Beschreibung des Zusammenhangs zwischen Zustellung und Verschleiß für jede Schleifscheibenstufe vorgenommen werden.

Basis für den Funktionsansatz zur Bestimmung des radialen Stufenverschleißes bilden die durch die Versuche ermittelten Kurvenverläufe des

Schleifscheibenverschleißvolumens über dem zerspanten Werkstoffvolumen. Mit Hilfe einer Regression werden zunächst die Konstanten des gewählten Funktionsansatzes bestimmt, dessen Ableitung die Bestimmungsgleichung für den radialen Stufenverschleiß ergibt. Da sämtliche darin auftretende Größen bekannt sind oder sich aufgrund der Verhältnisse der vorherigen Stufe bzw. des vorherigen Durchlaufs bestimmen lassen, kann somit jetzt die Berechnung des Radialverschleißes erfolgen.

Die Kopplung von Stufenmodell und Funktionsansatz ergibt dann das vollständige Verschleißmodell. Ein Vergleich zwischen Simulations- und Versuchsergebnissen zeigt sowohl in Bezug auf das Schleifscheibenverschleißvolumen als auch im Hinblick auf die effektive Schleifbreite eine gute Übereinstimmung.

Damit steht ein Rechenprogramm zur Verfügung, das eine Berechnung des Verschleißverlaufs für die in der Praxis am häufigsten auftretenden Bearbeitungsfälle des ein- und zweistufigen Prozesses ermöglicht. Bei der Verwendung anderer Schleifmittel-Werkstoff-Kombinationen bzw. einer anderen Schnittgeschwindigkeit sind lediglich die im Funktionsansatz für den Radialverschleiß verwandten Konstanten mittels einiger stichpunktartiger Versuche zu ermitteln.

Um bei den Forschungsarbeiten den Erfordernissen der industriellen Praxis Rechnung zu tragen, wurde das Vorhaben in Zusammenarbeit mit dem Hersteller der eingesetzten spitzenlosen Schleifmaschine, der Firma Herminghausen-Werke GmbH, Mühlheim/Main und einem Anwender im Bereich der Wälzlagerfertigung, der Firma Industriewerke Schaeffer, Herzogenaurach durchgeführt. Beiden Firmen gilt der Dank für ihre Mitarbeit und großzügige Unterstützung.

8. Literatur

1 Rowe, W.B. — Some studies of the Centerless Grinding Process with Particular Reference to the Roundness Accuracy
Ph. D.-Thesis, University of Manchester 1964

2 Reeka, D. — Über den Zusammenhang zwischen Schleifspaltgeometrie und Rundheitsfehler beim spitzenlosen Schleifen
Dissertation, TH Aachen 1967

3 Romanov, V.L. — Experimentelle Untersuchung der Formbildung beim spitzenlosen Schleifen
Issled. metallorez. Stankov (1968), S. 63

4 König, W., Schreitmüller, H., Hönscheid, W. — Untersuchung des spitzenlosen Schleifens
Forschungsberichte des Landes NRW, Nr. 2288, Westdeutscher Verlag, Opladen 1972

5 König, W., Hönscheid, W., Meis, F.U. — Leistungssteigerung beim spitzenlosen Durchlaufschleifen
Forschungsberichte des Landes NRW, Nr. 2540, Westdeutscher Verlag, Opladen 1976

6 Meis, F.U. — Geometrische und kinematische Grundlagen für das spitzenlose Durchlaufschleifen
Dissertation, TH Aachen 1980

7 König, W., Henn, K. — Richtwertvorgabe und Externoptimierung beim spitzenlosen Durchlaufschleifen
Forschungsberichte des Landes NRW, Nr. 3102, Westdeutscher Verlag, Opladen 1982

8 Steffens, K. Lauer-Schmaltz, H. — Spanbildung und Trennpunktlage beim Schleifen
Ind. Anz. 100 (1979) 73, S. 49/50

9 Lortz, W. — Schleifscheibentopographie und Spanbildungsmechanismus beim Schleifen
Dissertation, TH Aachen 1975

10 Masslow, E.N. — Grundlagen der Theorie des Metallschleifens
VEB Verlag Technik, Berlin 1952

11 Späth, H. — Einfluß der Werkstoffzusammensetzung und des Gefüges auf das Schleifverhalten von Stählen
Dissertation, TU Berlin 1969

12 König, W. Messer, J. — Das Verhalten von Schleifscheiben bei der Bearbeitung von Werkstoffen unterschiedlicher Schleifbarkeit
Unveröffentlichter Bericht zum VDS-Forschungsvorhaben Nr. 4558, 1981

13 Lauer-Schmaltz, H. — Zusetzung von Schleifscheiben
Dissertation, TH Aachen 1979

14 Saljé, E. Braudin, H. — Begriffe der Schleiftechnik
Jahrbuch Schleifen, Honen, Läppen und Polieren, Vulkan Verlag, Essen 1976

15 Averkamp, Th. — Schleifscheibenverschleiß bei der Bearbeitung der Titanlegierung Ti Al 6 V 4
Ind. Anz. 103 (1981) 1/2, S. 29/33

16 Slonimski, W.I. Theorie und Praxis des spitzenlosen Schleifens
VEB Verlag Technik, Berlin 1956

17 Opitz, H.
Saljė, E.
Schwartz, K.E.
Richtwerte für das Außenrundlängs- und -einstechschleifen
Forschungsberichte des Landes NRW Nr. 324,
Westdeutscher Verlag, Opladen 1956

18 Opitz, H.
Frank, H.
Richtwerte für das Außenrundschleifen
Forschungsberichte des Landes NRW Nr. 965,
Westdeutscher Verlag, Opladen 1961

19 Vickerstaff, T.J. Wheelwear and surface roughness in crossfeed surface grinding
Int. J. Mach. Tool Des. Res. (1973) 13, S. 183

20 Verkerk, J. Wheelwear control in grinding
Dissertation, Universität Delft 1976

21 König, W. Fertigungsverfahren, Bd. 2
Schleifen, Honen, Läppen
VDI-Verlag, Düsseldorf 1980

22 Hönscheid, W.
Meis, F.U.
Neue Regelscheibenform beim spitzenlosen Durchgangsschleifen
Ind. Anz. 97 (1975) 42, S. 828

23 König, W.
Messer, J.
Beeinflussung von Topographie und Prozeßverhalten keramisch gebundener Schleifscheiben durch die Abrichtbedingungen
IDR 15 (1981) 2, S. 78/81

24	König, W. Netterscheid, Th.	Nomogramm zur Ermittlung der Abrichtbedingungen Unveröffentlichte Unterlage am WZL, TH Aachen 1980
25	Weinert, K.	Die zeitliche Änderung des Schleifscheibenzustandes beim Außenrund-Einstechschleifen Dissertation, TU Braunschweig 1976
26	N.N.	Programmbeschreibung NL2 SOL zur nichtlinearen Regression Programmbibliothek des Rechenzentrums der RWTH Aachen, 1981

FORSCHUNGSBERICHTE
des Landes Nordrhein-Westfalen

Herausgegeben
im Auftrage des Ministerpräsidenten Heinz Kühn
vom Minister für Wissenschaft und Forschung Johannes Rau

Die „Forschungsberichte des Landes Nordrhein-Westfalen" sind in zwölf Fachgruppen gegliedert:

Geisteswissenschaften
Wirtschafts- und Sozialwissenschaften
Mathematik / Informatik
Physik / Chemie / Biologie
Medizin
Umwelt / Verkehr
Bau / Steine / Erden
Bergbau / Energie
Elektrotechnik / Optik
Maschinenbau / Verfahrenstechnik
Hüttenwesen / Werkstoffkunde
Textilforschung

WESTDEUTSCHER VERLAG
5090 Leverkusen 3 · Postfach 300620

GPSR Compliance

The European Union's (EU) General Product Safety Regulation (GPSR) is a set of rules that requires consumer products to be safe and our obligations to ensure this.

If you have any concerns about our products, you can contact us on ProductSafety@springernature.com

In case Publisher is established outside the EU, the EU authorized representative is:

Springer Nature Customer Service Center GmbH
Europaplatz 3
69115 Heidelberg, Germany

Batch number: 10584556

Printed by Printforce, the Netherlands